服装高等教育"十二五"部委级规划教材（本科）

服饰图案设计与应用

（第2版）

陈建辉　编著

U0217103

中国纺织出版社

内 容 提 要

本书是服装高等教育"十二五"部委级规划教材。本书介绍了服饰图案的基础知识，结合设计实践，对服饰图案的设计原则、设计要点、设计表现形式与表现手段，对服饰图案在不同品类服装设计中的应用方法进行了详细讲解。修订版中更新了大量图片，增加了学生作品点评等内容。全书紧扣服饰图案这一主题，区别于以往单一的纯图案基础介绍，紧密结合古今及中西服饰文化，对图案的设计理念及设计方法进行了具体阐释，结合服装设计解读服饰图案设计，极富新意。

本书是高等服装院校的服装专业教材，也是服装设计人员了解服饰图案设计相关知识的必备参考书。

图书在版编目（CIP）数据

服饰图案设计与应用/陈建辉编著. —2 版. —北京：中国纺织出版社，2013.11（2020.9 重印）
服装高等教育"十二五"部委级规划教材. 本科
ISBN 978-7-5180-0039-5

I.①服… II.①陈…#III.①服饰图案—图案设计—高等学校—教材 IV.① TS941.2

中国版本图书馆 CIP 数据核字（2013）第 232646 号

策划编辑：李沁沁 张 程 责任编辑：李沁沁
责任校对：余静雯 责任设计：何 建 责任印制：何 艳

中国纺织出版社出版发行
地址：北京市朝阳区百子湾东里 A407 号楼 邮政编码：100124
销售电话：010-67004422 传真：010-87155801
http://www.c-textilep.com
E-mail:faxing @ c-textilep.com
中国纺织出版社天猫旗舰店
官方微博 http://weibo.com/2119887771
北京通天印刷有限责任公司印刷 各地新华书店经销
2006 年 8 月第 1 版 2013 年 11 月第 2 版 2020 年 9 月第 8 次印刷
开本：787×1092 1/16 印张：10
字数：117 千字 定价：39.80 元

出版者的话

《国家中长期教育改革和发展规划纲要》中提出"全面提高高等教育质量","提高人才培养质量"。教高〔2007〕1号 文件"关于实施高等学校本科教学质量与教学改革工程的意见"中，明确了"继续推进国家精品课程建设"，"积极推进网络教育资源开发和共享平台建设，建设面向全国高校的精品课程和立体化教材的数字化资源中心"，对高等教育教材的质量和立体化模式都提出了更高、更具体的要求。

"着力培养信念执着品德优良、知识丰富、本领过硬的高素质专门人才和拔尖创新人才"，已成为当今本科教育的主题。教材建设作为教学的重要组成部分，如何适应新形势下我国教学改革要求，配合教育部"卓越工程师教育培养计划"的实施，满足应用型人才培养的需要，在人才培养中发挥作用，成为广大院校和出版人共同努力的目标。中国纺织服装教育协会协同中国纺织出版社，认真组织制订"十二五"部委级教材规划，组织专家对各院校上报的"十二五"规划教材选题进行认真评选，力求使教材出版与教学改革和课程建设发展相适应，充分体现教材的适用性、科学性、系统性和新颖性，使教材内容具有以下三个特点：

（1）围绕一个核心——育人目标。根据教育规律和课程设置特点，从提高学生分析问题、解决问题的能力入手，教材附有课程设置指导，并于章首介绍本章知识点、重点、难点及专业技能，增加相关学科的最新研究理论、研究热点或历史背景，章后附形式多样的思考题等，提高教材的可读性，增加学生学习兴趣和自学能力，提升学生科技素养和人文素养。

（2）突出一个环节——实践环节。教材出版突出应用性学科的特点，注重理论与生产实践的结合，有针对性地设置教材内容，增加实践、实验内容，并通过多媒体等形式，直观反映生产实践的最新成果。

（3）实现一个立体——开发立体化教材体系。充分利用现代教育技术手段，构建数字教育资源平台，开发教学课件、音像制品、素材库、试题库等多种立体化的配套教材，以直观的形式和丰富的表达充分展现教学内容。

教材出版是教育发展中的重要组成部分，为出版高质量的教材，出版社严格甄选作者，组织专家评审，并对出版全过程进行跟踪，及时了解教材编写进度、编写质量，力求做到作者权威、编辑专业、审读严格、精品出版。我们愿与广大院校一起，共同探讨、完善教材出版，不断推出精品教材，以适应我国高等教育的发展要求。

中国纺织出版社

教材出版中心

序

　　服饰，堪称人的第二层皮肤；图案，则是对自然景物、几何形体的艺术提炼与表达。图案以自身之斑斓，将服饰之美烘托、渲染、升华至佳境。对服饰与图案间的关系多一分理解与感悟，即在服装设计的殿堂中更精进了一步。

　　建辉先生这部《服饰图案设计与应用（第2版）》，是其多年从事服饰图案设计理论研究和服装教学的结晶。为捕捉服饰图案的美感与精神，他投入心力对国内外的服饰图案进行了大量的研究，并深入分析、总结、提炼、归纳与展开，从中得出服饰图案设计与应用的规律。

　　此书贯穿着一条主线，即将服饰图案的设计与应用规律化、实用化。内容涉及服饰图案的设计原则、设计主题与方法，服饰图案的表现形式、表现技法，服饰图案在不同品类服装设计中的应用等。

　　该书理论与实例相结合，富有实用性和启发性。期望它能激发、丰富设计师的创造力与想象力，也希望它能给致力于推陈出新的服装专业学生以新思路和无限的设计灵感。

2013年6月

前言

　　服饰图案是一门不断推陈出新的艺术，在跟服装时尚结合的过程中需要不断探索与研究，本书旨在为喜爱服装艺术的学子们、广大服装艺术爱好者们提供一条明晰的学习思路，本书理论与实例相结合，富有实用性和启发性。期望它能激发、丰富设计师的创造力与想象力，也希望它能给致力于推陈出新的服装专业学生以新思路和无限的设计灵感。

　　书中大量作品来自东华学子及其他院校学生们的设计实践，凝结了指导老师与同学的心血，在此表示感谢！本书在修订的过程中得到山东省高等学校优秀青年教师访问学者张丽华老师的大力协助，负责图片的替换更新、每章学生作品赏析部分图片的收集整理及点评工作，在此表示感谢！

　　如果这本教材能够对学生们有所帮助，对服装设计爱好者们有所裨益，笔者将十分欣慰，衷心期望各界学者不吝赐教！

编著者

2013年7月于东华大学

教学内容及课时安排

章/课时	课程性质/课时	节	课程内容
第一章 （2课时）	基础理论 （2课时）		• 概述
		一	服饰图案的概念和分类
		二	服饰图案的审美与功用
第二章 （16课时）	应用理论与训练 （60课时）		• 服饰图案基础知识
		一	服饰图案的构成形式
		二	服饰图案色彩及其应用规律
第三章 （18课时）			• 服饰图案设计
		一	服饰图案的设计方法
		二	服饰图案的设计分类
		三	服饰图案的设计原则
		四	服饰图案的设计主题与设计要点
		五	服饰图案设计的灵感来源
第四章 （12课时）			• 服饰图案的表现
		一	服饰图案的造型方法
		二	服饰图案的表现技法
		三	服饰图案的表现手段
		四	服饰图案的纹理
第五章 （14课时）			• 服饰图案的应用
		一	服饰图案在不同服装中的设计应用
		二	服饰图案的装饰部位及装饰形式
		三	服饰图案设计师的必备常识

注　各院校可根据自身的教学特点和教学计划对课程时数进行调整。

目录

基础理论——

概述

课题内容： 服饰图案的概念
服饰图案的分类
服饰图案之美
服饰图案之功用

上课时数： 2课时

训练目的： 使学生认识了解服饰图案，了解服饰图案的分类，体会服饰图案的美，体会服饰图案在服装中起到的美化作用

教学要求： 1. 掌握服饰图案的概念分类
2. 体会服饰图案给服装带来的美
3. 认识服饰图案的功用

课前准备： 阅读服饰图案的相关书籍，查阅服饰图案的相关图片

第一章　概述

第一节　服饰图案的概念和分类

一、服饰图案的概念

（一）图案

　　"图案"一词，是 20 世纪初从日本词汇中借用过来的，其主要含义是："形制、纹饰、色彩的设计方案"。世界上不同国家对图案一词有不同的理解与认识，主要是由于不同发展阶段对图案理解的角度与侧重点不同所致。我国最早的工艺美术专业是染织专业，最初往往将纹样称作图案，由于概念界定的不清，使纹样与图案等同起来，曲解了图案的本义，影响了图案的发展。

　　图案可从广义和狭义两方面理解。从广义上讲，图案是指为达到一定目的而规划的设计方案和图样，即庞薰琹先生所说的"图案工作就是设计一切器物的造型和一切器物的装饰"。具体来说，图案既是实用美术、装饰美术、工业美术、建筑美术等关于色彩、造型、结构的预想设计，也是在工艺、材料、用途、经济、美观、实用等条件制约下的图样、模型、装饰纹样的统称。从狭义上讲，图案是指某种有装饰意味的、有一定结构布局的图形纹样。

　　图案，在其发生、发展的历史过程中，具有与人类物质与文化生活息息相关的、极其广泛的表现形态。它渗透在现实生活中的每一个角落，可以说，图案不仅是美术学的一个专门学科，也是一项具有普遍性、实用意义的美术工程实践课程。图案起源于人类装饰的本能。德国社会学家格罗塞在《艺术的起源》一书中指出："喜欢装饰，是人类最早也是最强烈的欲求，也许在部落产生之前，它已经流行很久了"。从生理角度讲，早期的人类出于图腾崇拜、求偶的需要，通过不同的图案纹样装饰自身，从而达到吸引异性的目的。从自身保护的角度讲，图案装饰可以增强人自身

南太平洋地区土著居民至今保留着文身的风俗，用图案直接装饰身体

图1-1　装饰图案

的外观视觉效果，威严、狰狞的图案可以达到恐吓、警告敌人与增强自信的目的（图1–1）。我国苗族就有一种用作护身的装饰有浮刻花纹图案的银牌，在银牌的花纹图案间，刻有"长命百岁"、"长生保命"、"庆吉平安"之类的字样，以祈求神灵护佑，"锁"住佩戴者。

图案所涉及的领域非常广泛，衣、食、住、行、用无所不包。由于其服务对象不同、应用领域各异，又有不同的分类、概括方法。从应用角度而言，可将图案分为纺织品图案（图1–2）、服饰图案（图1–3）、建筑图案（图1–4）、家具图案（图1–5）、漆器图案（图1–6）、装潢图案（图1–7）、广告图案（图1–8）等。从教学角度讲，图案分为基础图案和工艺图案两种。所谓基础图案，指共性的图案设计，没有特定的应用对象，以方法、技巧、规律总结为主。基础图案不仅是专业图案的准备阶段，也是专业图案设计者所必须经历的学习与训练过程。基础图案着重"自然—变化"这一过程，用装饰性的形式语言，把自然中的各种形态加工、整理，变化为程式化的、既源于生活又高于生活的装饰图形。

图1–2　纺织品图案

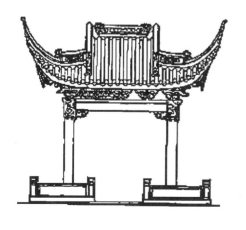

图1–4　建筑图案

图1–3　服饰图案（服装设计师邓皓作品）

图1-5 家具图案

图1-6 漆器图案

图1-7 装潢图案

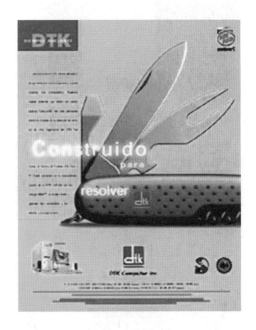

图1-8 广告图案

　　张道一先生在《图案概说》一文中指出，基础图案的任务是：①透过工艺制约，认识装饰艺术的共性；②培养和提高意匠的想象力和表现力；③综合研究中外古今的装饰纹样，提高艺术的鉴赏能力；④掌握和运用形式美的规律、法则；⑤研究纹样的造型、构成、组合和色彩以及器物成型的线与形；⑥从圣火和大自然中吸取养料，积累设计素材。工艺图案是基础图案的具体应用，是按照一定生产需要进行的专业品类的图案设计，要受到功能、目的、工艺、材料、经济条件和市场消费等诸多因素的制约。

张道一先生在《图案概说》中又称，工艺图案的任务是：①研究材料，发挥材料的性能和物质美；②研究工艺、运用科技的成就，显示其工巧；③研究消费，熟悉群众生活习惯，了解群众的心理和审美要求；④综合以上三者，同艺术的意匠结合起来，统一于具体的设计之中。也就是说，适应着材料、工艺和用途的要求，掌握和运用具体工艺品的设计特点、规律办事。

（二）服饰

服饰包含两层意思：

（1）指衣服上的装饰，如图案、纹样。

（2）服装及其配饰的总称，包括衣服及首饰、包袋、鞋帽等。

这是一个概念的两个方面，我们说的服饰，常常是把服装和配件剥离。因此，从某种意义讲，"服饰"的"服"，是指服装，即通过面料的拼接与造型来表现着装者的精神面貌与形体感觉；"服饰"的"饰"，则是用来烘托、陪衬、点缀服装的饰品，它能使服装的整体美更完善，进一步体现人的仪态和气质。由此可见，服饰是实用性和装饰性完美结合的穿着用品与外表包装，两者是相辅相成的。

服饰是人类进入文明时期后特有的劳动成果，它不仅反映出人们的劳动水平，也是人们内在精神需求的折射，是人类文明进步的具体表现。服饰是一种社会展示，能够传达社会观念。社会历史文化的变迁直接影响着服饰的变化，每一个历史时期的社会制度、意识形态、文化艺术、美学思想、审美倾向等，都会从那个时代的服饰中反映出来。

服饰作为人类的一种创造，也在美化着人类。具有良好品位与精巧做工的服饰，能够达到显示穿着者的修养、审美、素质和品位的效果，而这种美化效果则是通过包括服饰图案设计在内的各种艺术手段获得的。可以说，服装设计师以创造美丽的式样为任务，凭借一定的设计方法与技巧，通过具体的材料和工艺手段，使形象具体化。从动态的观点看，服装设计是用变幻的色彩、流动的线条与节奏所编织出来的交响乐。

（三）服饰图案

服饰图案是服装及其配件上具有一定图案结构规律，经过抽象、变化等方法而规则化、定型化的装饰图形和纹样。服饰图案不仅是服装的"眼睛与亮点"，为服装锦上添花，更是服装设计不可缺少的艺术表现语言。

服饰图案是多种内涵和表现形式的和谐统一。服饰图案能够反映出地域特色和人类的生存环境。以苗族服饰图案为例，居住在高山偏僻地区的苗族支系，其服饰图案多为动物；平原地区苗族支系的服饰图案，则以植物、花卉题材为多。

服饰图案在服装设计中不仅仅起着装饰作用，还能较为直观地表达设计者的设计思想和情感。服饰图案设计，重视视觉语言表达，多以具体的形象为设计基础，表现自然美和艺术美。除此之外，服饰图案还具有一定的社会象征性，代表着不同的宗教、阶级，反映出当时的社会伦理，体现出着装者的身份和地位。例如明清服饰中的十二章纹样，便突出表现为一种身份、地位和等级差别。

随着信息传播和影像图形技术的发展，图案被更为广泛地使用，承载起越来越多的文化内涵，在服装设计中的应用达到了前所未有的程度。在国外，服装设计师与面料图案设计师的合作非常密切，很多服装设计师不仅设计服装，还设计面料图案。他们善于运用生活中的各种素材，发掘灵感，大胆创意，引导潮流。服饰图案设计早已不再局限于印花图案和缀补图案，除了传统图案外，许多新的图像素材在经过剪辑、拼接后，形成了全新的服饰图案的形式。回顾服装设计的发展历程，图案始终与其相伴，在人们生活水平得到普遍提高的今天，图案之美显得更为重要。充分利用服饰图案，可以使服装设计更趋个性化、多样化和人性化。

灵活的应变性和极强的表现性，是当今服饰图案的重要特征。服饰图案能够及时、鲜明地反映人们的时尚风貌、审美情趣、心理诉求。对于服装产品来讲，服饰图案设计会在极大程度上影响消费者对该产品的接受程度，也会对服装生产经营者在投产、营销等问题上产生影响。因此，作为一名服装设计师，对服饰图案的设计技巧、表现形式与应用意义应有一个较为全面的认识。

二、服饰图案的分类

目前，学术界对于服饰图案的分类还没有一个明确、统一的规定。在此，我们重点从构成空间、构成形式两方面进行阐述。

（一）按构成空间分类

按构成空间分，服饰图案可以分为平面和立体两种形式。

1.平面图案

平面图案有两层含义：

（1）从装饰图案所依附的背景、基础的空间维度来讲，是以二维空间的平面物为主体。

（2）从表现效果来讲，是以平面形为主，追求平面化的二维装饰。

平面图案侧重于构图、形象和色彩设计（图1-9）。对于服饰图案来讲，服装及配件所用的匹料及件料的装饰图案设计均属此类。

服饰图案注重构图和色彩

图1-9 平面图案

2.立体图案

立体图案也有两层含义：

（1）从装饰纹样所依附的背景、基础的空间维度来讲，是以三维空间的立体物为主体，或其图案自身即是由立体物构成，如利用面料做成的蝴蝶结、立体花、立体纹饰、纽扣、摆线装饰等。此类立体图案主要通过材料的材质和制作工艺来实现（图1-10）。

（2）从表现效果来讲，是指服饰图案具有立体效果，能够表现一定的空间感。

（二）按构成形式分类

按构成形式分，服饰图案可以分为单独图案和连续图案两大类。

1.单独图案

单独图案指独立存在的，大小、形状无一定规律或具体要求、限制，且不与其他图案相联系的装饰图案。在服饰图案的设计中，单独图案的应用具有较高的灵活性，面积较大的适合于服装的胸、背装饰，面积较小的适合用作局部或部件装饰（图1-11）。

材质结合工艺塑造的图案形式

图1-10 立体图案

大面积图案在胸部的运用

图1-11 单独图案（服装设计师邓皓作品）

2.连续图案

连续图案是在单独图案的基础上作重复排列，可以无限循环的图案。连续图案分为二方连续和四方连续两种。

二方连续是单个的纹样向上下或左右重复而组成的图案。二方连续能使人产生秩序感、节奏感，在生活中常用于剪纸、栏杆等的设计。因其装饰性强，又具有集中引导视线的作用，一般多用于服装的边缘部位，如领口、袖口、襟边、下摆等部位。

四方连续是依据一定的组织骨式，将一个或几个基本纹样组成的单位纹样，在一定的空间内，向上下和左右作重复排列而组成的图案。因其具有向四面八方循环反复、连续不断的构成特点，又被称为网格图案。四方连续多用于满衣式、利用型图案设计，是面料图案设计的主要形式（图1-12）。

四方连续图案在服装设计中的运用

图1-12　四方连续图案

（三）其他分类方式

1.按工艺分类

按工艺分类，服饰图案可以分为印、染、绣、绘、镂、织、缀、拼、添等图案式样。

　　服饰图案风格的形成与所使用的材质和制作工艺有一定的关系，各类工艺过程都有其自身的特点和规律性。由于工艺不同，所形成的外观效果也各不相同（图1-13、图1-14）。

图1-13　添工艺　　　　　　　　　　　　　　图1-14　织工艺

2.按素材分类

　　按素材分类，服饰图案可以分为花卉图案、植物图案、动物图案、人物图案、抽象图案等。其中，花卉果木题材有梅花、兰花、竹、菊花、牡丹、莲花、桃花、石榴、月季、灵芝、佛手、葡萄、葫芦等（图1-15）；动物题材有龙、凤凰、狮子、麒麟、鹿、大象、十二生肖、鹭鸶、仙鹤、孔雀、大雁、蝴蝶、鸳鸯、鱼、蝙蝠、蟾蜍、松鼠等；人物题材又分为戏曲人物、历史故事人物等，像麻姑献寿、八仙庆寿、福禄寿三星、刘海、财神、买水、梁山伯与祝英台、二十四孝和仙童、仙女、神人等；纹、字题材有福、禄、寿、万、回纹、祥云、江崖、海水、山石、八卦、太极等（图1-16）。

　　以上，从构成空间、构成形式、工艺、素材等方面对服饰图案进行了分类。角度不同，服饰图案的分类方法也各不相同。新技术、新思维、新视点的出现，会产生更多的新的分类标准。

图1-15　花卉图案（服装设计师邓皓作品）　　　　图1-16　民间龙纹刺绣图案

第二节　服饰图案的审美与功用

一、服饰图案之美

人们穿着服装除了遮体、保暖等实用目的外，还为了使自己更美观、漂亮。满足人们视觉和心理上的求美之需，这正是服饰图案审美性的体现。

学术界关于服饰图案美的种类或美的形态的观点，基本是一致的。通常认为，服饰图案之美可分为三种，即自然美、艺术美和社会美。

服饰图案的自然美，就是一种自在美、形态美或客体美。人类以审美的目光，将其关于美的知识与智慧投射到自然界中，如山水花草、鱼虫鸟兽、风光、景象等自然物上，设计出能显现人类知识与智慧的图案，表现其自然美（图1-17）。自然美有许多，如鲜艳的花朵、美丽的鸟羽。人们将这些能引起审美快感的形象与形式运用在服饰上，以满足对美的欲求。

以海底自然风光为灵感的服饰图案设计

图1-17 服饰图案的自然美

服饰图案的纹样构成，蕴藏着符合人们生理与心理需求的形式美的基本原理。图案纹样的排序是有规律的，在变化中求统一，有对称与均衡、节奏与韵律等艺术形式，这些形式不仅表现出一种视觉美感，也映射出种种思想文化内涵，我们称之为服饰图案的艺术美。

服饰图案的社会美，既是一种自在美，又是一种自为美；既是一种形式美，又是一种时尚美；既是一种客体美，又是一种主体美。但从其本质看，社会美是人类自身社会实践，尤其是学习实践活动的产物。人类以审美的目光，将关于美的知识投射到社会事物上，创造出能反映人类社会发展的图案形式，形成服饰图案的社会美。社会美比自然美要丰富、多样、复杂、深邃得多，且因其主体的复杂性，不确定因素很多，其表现形式和表现内容也多种多样。

二、服饰图案之功用

（一）修饰作用

1.装饰

一位法国人类学家曾经讲过："世界上固有不穿一点衣服的蛮族存在，但不装饰身体的民族却从未见过。"人类将关于美的知识和智慧投射到自然与社会中，运用集中与概括的手段，对外界形象在摹写的基础上，进行典型化处理，创造出应用于服饰上的图案作品。通常，服饰图案对服装能够起到修饰、点缀的作用，使原本在视觉形式上显得单调的服装产生层次、格局和色彩的变化。当然，过分的雕琢、多余的装饰会破坏和谐的自然美，而素材选择、表现手法得当的装饰，不仅能渲染服装的艺术气氛，更能提高服装的审美内涵（图1-18）。

2.弥补

服饰图案具有视差矫正的功用。在现实生活中，人体常有某些局部的不足，形成所谓的非标准体型，如斜肩、端肩、溜肩、鸡胸、大肚、突臀、前倾体、后倾体、胖体、瘦体等。要使非标准体型者的服装也能产生和谐的视觉效果，其办法就是在设计中按照扬长避短的原则，弥补失调的人体比例。服饰图案可提醒、夸张或掩盖人体的部位特征。服装设

身体装饰与服饰图案协调呼应

图1-18　装饰图案

计师常利用服饰图案强调或削弱服装造型及结构上的某些特点，借助服饰图案自身的色彩对比与形象造型，产生一种"视差"、"视觉"的错觉，以掩饰服用对象形体的某些缺憾或弥补服装本身的不平衡、不完整之感，使着装者与服装更有魅力。

3.强调

如果说"修饰、弥补"以追求服装整体和谐之美为目的的话，那么"强调"则是着意造成一种局部对比之美。服饰图案可起到加强与突出服饰局部视觉效果的作用，形成视觉张力（图1-19）。服饰设计师为了特别强调服装的某种特点，或刻意突出穿着者身体的某一部位，往往选择对比强烈、带有夸张意味的图案为装饰，以达到事半功倍的效果（图1-20）。如在男士针织衫的前身印染一只雪狼的硕大头像，彰显男人剽悍、刚毅的气质，颇具视觉冲击力。

（二）象征及寓意

1.象征

象征是借助事物间的联系，用特定的具体事物来表现某种精神或表达某一事理。人们习惯于以积极的心态去想象周围的事物，而后赋予其某种象征意义。合理利用象征和被象征内容在某种特定条件下的联系，可使被象征物和象征内容更加明显和突出。

我国古代图腾艺术中，常借用某种形象象征性地表现抽象的概念，如中国传统文化中的"龙"象征"皇权"，民间艺术中"蝙蝠"象征"福"，"桃子"象征"寿"，"松鹤"象征"延年"。服饰图案的象征性源于自然崇拜和宗教崇拜，进而演变出期盼"生命繁

夸张的蝴蝶结造型形成很强的视觉冲击力,强调局部造型之美

黑白的强烈对比,起到吸引视觉的效果

图1-19 图案造型与服装整体造型的对比

图1-20 图案色彩与服装色彩的对比

衍,富贵康乐,祛病除祸"等吉祥象征意义(图1-21)。图腾崇拜是极具代表性的一种形式,将服饰图案作为一种象征,作为人文观念的载体,这是服饰图案从诞生之日起便具有的功能之一(图1-22)。具有象征作用的服饰图案古已有之,但许多传统的象征性服饰图案在当今已被广泛使用,其象征意义也大为减弱或基本消失,这也是应当注意的一个现象。如宝相花、龙纹等图案,其昔日所具有的宗教、阶层的象征意义已不再重要,更多的是被当作纯装饰图案来使用。在许多情况下,设计师选用或设计图案只是为了借助服饰图案来达到某种象征的目的。如在香港回归中国之际,一位香港设计师就以某种图案装饰于服装上,借此象征这一重大事件的发生,表达了设计师及公众对此事的关注和欢迎。

2.寓意

服饰图案常常会寄托或隐含某种意义,以寄托设计者的情志。如明清时期有很多吉祥图案,在动植物、器皿、人物、传说图案中寄寓了丰富而又生动的含义,像连年有余、连生贵子(图1-23)、马上封侯等。服饰图案的寓意,经常会采用谐音与隐喻手法。谐音,如用喜鹊梅花寓意喜上眉梢;莲花鲤鱼寓意连年有余;磬鱼寓意吉庆有余;蝙蝠、鹿、桃寓意福、禄、寿等。隐喻,如鸳鸯喻夫妻恩爱,松鹤喻延年益寿,麒麟喻送子,石榴喻多子等。又如我国最具代表性的吉祥纹样"龙凤呈祥"，被认为是许多吉祥寓意的综合表达。

富有民族特色的图腾，表达了当地人祈求平安以及祛病除祸的美好愿望

图1-21　图腾

图1-22　象征皇权的龙袍

莲与"连"、桂与"贵"、笙与"生"同音，加上吹笙的幼
子，合起来即为"连生贵子"

图1-23 连生贵子

（三）标识与宣传

1.标识

服饰图案的标识与符号作用，是服饰图案的社会功能之一。德国当代著名哲学家恩斯特·卡西尔提出人是"符号的动物"的著名观点，揭示了符号化思维和符号化行为是人类最富于代表性的特征。在广泛的视觉领域，人往往通过符号系统完成信息传递的任务，符号与标识可以说是信息的载体。

服饰图案具有两种不同的符号功能，即指示功能和象征功能，因而也就形成两种不同的产品形式符号：指示符号与象征符号。有些服饰图案起着符号与标识的作用，即标明穿着者的职业身份或服装的品牌，如运动员队服的图案，航空、海运工作者的标记，警察、军人的徽章，名牌服装的标志图案等（图1-24）。这类图案的共同特点是醒目、整体简洁、易识、易记。值得一提的是，由于标识图案的特点很符合现代人的审美趣味，以致一些纯属装饰的图案亦模仿标志样式，用一些极单纯的元素，如一个字母或两片小叶子装饰于服装的前胸，但却不含有任何意义。部分著名品牌的标识图案也被用于服装上，如耐克的钩形图案、路易·威登（Louis Vuitton）的LV标志等，早已成为颇具装饰性的服饰图案（图1-25）。

2.宣传

在商品社会里，广告随处可见，服装上也不例外。图1-26是一件宣传关心爱护艾滋病儿童的服装，属于公益类广告。画面中只有爱心大使的脸呈正常的红润色彩，穿着服装的艾滋病儿童和其服装上的儿童图案均为病态扭曲，形成强烈的反差，以激起人们对艾滋病儿童的同情和关爱。服装可以随着装者亮相于不同场合，其方寸天地可谓"活动广告"的最佳载体，能产生出非常特殊的广告宣传效应。因此，各大公司、集团、企业、单位，

制服中的徽章图案可起到一定的标识作用，用来区别不同的职业和身份

图1-24　标识图案

图1-25　装饰性标识图案

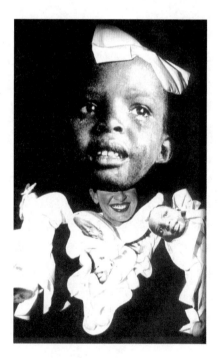

图1-26　公益广告

常把自己的徽标、名称、经营理念等组合成一个整体图案，装饰在T恤、夹克衫等服装上，起到宣传企业形象、产品品牌的作用。如法国的著名时装品牌克里斯汀·迪奥（Christian Dior）在T恤上写下了极富诱惑力的广告词——"我爱迪奥"。

非商业性的社会政教宣传也往往利用服饰图案来扩大其影响，一些重大事件、人们普遍关注的热点话题，亦常常会以图案形式被反映到服装上。如20世纪80年代，英国著名时装设计师凯瑟琳·哈姆内特（Katharine Hamnett）在会见前英国首相撒切尔夫人时，在自己的T恤上写下了反对核武器的文字——"58%不想要潘兴导弹"。又如，在2001年美国"9·11"恐怖事件后，为了表示对当时伤亡警察和消防人员的支持，美国设计师协会和VOGUE杂志社举行义卖活动，通过互联网拍卖大牌时装设计师们设计的、带有特殊含义图案的T恤、筹集赈灾资金。再如，在服装的前胸以一条鱼和一个滴水的水龙头，后背用不再滴水的水龙头加一根鱼骨头的图案，表达设计者对生态环境保护的倡导和呼吁。

（四）情感表达

图案不仅有一定的修饰功能、象征、寓意及标识作用，还有着自身独特的情感特征。图案有着很强的自我表述能力，表达情感或宣泄情绪。

在追求个性解放和自由的现代社会，服饰图案的表情作用往往得到特别的重视与发挥。从这方面来说，当代服饰形成了区别于古代服饰的一个特点。如以图案为特色的"文化衫"便是表情作用的独特发挥，上面的口号、标语、图案或多或少反映了特定时期、特定环境下，人们或惶惑浮躁，或自我调侃的心态。像20世纪90年代初，各种字体的"别理我，烦着呢"出现于文化衫上，将年轻人对繁琐生活的烦闷、不满心理生动地勾勒出来。这类服饰图案时效性很强，极敏感于当时社会所关注的问题，也是"流行"最直接的反映。

学生作品赏析

学生作品一：平面图案在服装设计中的应用

作者：何蕾

作者：谭美琪

作者：杨上

作者：吴林桐

作品点评：以上几幅作品是平面图案在服装中的应用，或具象或抽象的图案形式都是为体现服装设计主题的需要，表现出或现代，或古朴，或前卫，或时尚的作品风格。充分体现图案在传达作品风格中所发挥的作用。

学生作品二：立体图案在服装设计中的应用

作者：李梦扬

作者：张敏

作者：耿子婷

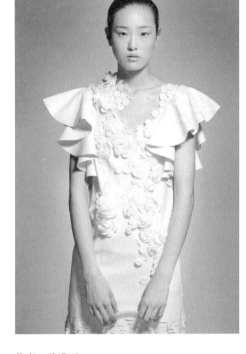

作者：滕濛雨

作者：曾璐

作者：代放

作品点评：以上学生的服装设计作品以立体图案的形式，形成鲜明的面料质感对比，充分表现了面料肌理带给人的视觉冲击效果。立体图案表现形式丰富，如抽褶、包扣、钉珠、流苏等，使作品内容丰富，层次感强。

学生作品三：立体图案设计效果图

作者：褚敏

作者：孔吉

作品点评：以上两幅服装效果图的设计作品，其中的立体图案设计打破了单一面料带来的质感表现，使作品增加了厚重感、丰富了画面效果。

学生作品四：服饰图案的工艺形式

作者：朱宇欣

作者：潘珏君

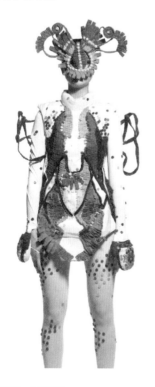

作者：冯雨雪

作者：杨楷浪

作品点评：服饰图案工艺形式多样，除了传统的印、染、织、绣、绘等外，在现代服饰艺术作品中还广泛使用拼、添、缀等丰富的工艺形式，使作品呈现更加多样的立体效果。

应用理论与训练——

服饰图案基础知识

课题内容： 单独服饰图案

连续服饰图案

服饰图案的色彩

服饰图案的色调

服饰图案色彩设计的基本方法

服饰图案配色设计的注意事项

上课时数： 16课时

训练目的： 使学生掌握各种服饰图案构成形式，能够设计创作图案

色彩与图案形式，进行协调的服饰图案配色设计

教学要求： 1. 掌握服饰图案的构成形式及特点

2. 掌握服饰图案的色彩应用及色调的设计

3. 能够进行合理的服饰图案的色彩设计

课前准备： 服饰图案绘图工具、查阅服饰图案的书籍和图片

第二章　服饰图案基础知识

　　服饰图案和装潢图案、家具图案、漆器图案、广告图案、染织图案的艺术内涵是一致的，设计技巧与应用法则也基本相通，区别在于它们具有不同的对象、用途和工艺技巧。服饰图案的学习可以从图案基础部分开始，掌握它的规律、法则、方法和技巧，逐步结合服饰，运用到服饰设计中去。

第一节　服饰图案的构成形式

　　按照一般图案学分类，服饰图案属于平面图案的范畴。从服饰图案的纹样上来看，服饰图案可分为单独服饰图案和连续服饰图案两大类。两类图案因不同的组织形式和结构，形成各种组合。单独服饰图案主要有自由纹样、适合纹样两类；连续服饰图案主要有二方连续纹样和四方连续纹样两类。

　　服饰图案的各种纹样形式和结构都是为适应一定的需要而产生的。如四方连续结构适用于大面积图形和印花工艺，单独纹样更适用于单个的服饰和非连续图案的平面设计。

根据中国戏曲脸谱设计的单独服饰图案

图2-1　装饰于前胸的单独服饰图案

一、单独服饰图案

　　单独服饰图案是指独立存在的装饰图案，有强化作用，可集中引导视线，起到画龙点睛的作用。单独服饰图案常作为衣服的胸背部装饰，大多集中在上半身，处在正常视线范围之内（图2-1）。此外，单独服饰图案设计需表现一定的顺序性，解决好主次关系及层次感。人的视知觉有一定的选择性，而且有时间先后之分。一般来说，面积大的主体，或者面积虽小但色彩鲜艳度较高，被周围其他形式所围绕，明度、色相差别较大的对象，容易首先进入视知觉的选择范围。单独服饰图案包括自由服饰图案和适合服饰图案。

（一）自由服饰图案

自由服饰图案，是指可以自由处理外形的独立图案。因其不受外形轮廓的约束，适合表现情绪化较为突出的服饰风格。自由服饰图案可分为均齐式图案和平衡式图案两种。

1.均齐式图案

均齐式图案也叫对称式图案，可分为上下对称、左右对称（图2-2）、多方位对称。它的特点是以中轴线或中心点为基准，在其上下左右布置同形、同量的花卉纹样，以取得平稳、庄重大方的风格效果（图2-3）。

2.平衡式图案

平衡式图案是以整个图案的重心为布局依据的，在使图案重心保持平衡的前提下，可以任意构图（图2-4）。这种构图方式不求绝对对称，而是给人以动感，创造出灵活、生动优美、富有韵律感的图案。

图2-2 均齐式单独图案

作者：张洁

图2-3 均齐式自由服饰图案的应用

图2-4 平衡式单独图案

（二）适合服饰图案

适合服饰图案为独立存在，且与一定外轮廓相适应的图案，有均齐适合图案与平衡适合图案之分。适合服饰图案的外轮廓多种多样，圆形、三角形、菱形、心形等几何形及某些自然物质的外形，都可以作为适合图案的外轮廓（图2-5）。

图2-5　黑白逆转的圆形适合图案

适合图案要求适形造型，根据空间布局，在整体上有退有让。在适合图案的设计中，可以运用各种图形分割画面，以各种图案填充并使其在色彩方面有所变化与对比。中国传统图案在结构上较多选用适形造型的方法。有的运用单元性不很强的四方延伸结构，可以自由地填充各种空间，如以蝙蝠或花朵填充四角，构成变化（图2-6）。

图2-6　直立式方形适合图案

1.均齐适合图案

均齐适合图案是在中轴线的上下左右配置纹样，其结构严谨。有以下几种基本形式：

直立式：直立向上的纹样，依中心轴线分左右对称构成。这种形式要注意在对称中求变化，避免过于呆板。

辐射式：呈放射或向心状态，由数个等分的小单位组成，比直立式更富于变化。

转换式：也称倒置式，由两个同形的纹样互相调换方向排列而成，有左右转换、上下转换之分。转换之后，纹样能互相穿插，简洁而又富于变化。

回旋式：与辐射式大致相同，纹样皆有方向，并采用运动形态向四周旋转，能产生生动优美的效果。

2.平衡适合图案

平衡适合图案是一种不规则的自由形式，采用等量不等形的形式配置纹样。平衡适合图案不要求纹样、色彩上的完全对称，而是在视觉上达到力与量的均衡。

二、连续服饰图案

连续服饰图案是以单位纹样作重复排列而形成的无限循环的图案，有二方连续（图2-7）和四方连续（图2-8）两种。

图2-7 二方连续图案

图2-8 四方连续图案

（一）二方连续

　　二方连续图案又叫带状图案或花边图案，就是单个的纹样向上下或左右重复而组成的图案。上下排列为纵式或竖式二方连续，左右排列为横式二方连续。二方连续能使人产生秩序感、节奏感，适合做衣边部位的装饰，如领口、袖口、襟边、口袋边、裤脚边、体侧部、腰带、下摆等部位（图2-9）。

图2-9　哈尼族服饰中二方连续图案的运用

　　二方连续的排列形式有许多，常见的有以下几种：

1.散点式

　　散点式形式没有明显的方向，用一个或两个花纹依次向上下或左右排列，互不连接，只有空间的呼应。

2.直立式

　　直立式图案纹样方向向上或向下，纹样之间可以连接，也可以不连接（图2-10）。

3.倾斜式

　　倾斜式图案纹样方向可以作各种角度的倾斜，可以向左，也可以向右，形式多样，组成的图案灵动、活泼。

4.波浪式

　　波浪式纹样设计由一根主轴线作波状连续，有单线波纹和双线波纹两种，图案纹样可以安排在波线上，也可以处理在波肚内。这种形式大方、活泼、富于变化，是传统服饰中喜欢采用的图案（图2-11）。

图2-10　直立式二方连续

图2-11　波浪式

5.折线式

　　折线式和波浪式不同，折线式图案的主轴线由直线组成，而非曲线，其纹样多作对向排列，主轴线可藏可露，藏则要求图案纹样必须是适合纹样（图2-12）。

图2-12　折线式

6.剖整式

剖整式有全剖式和一整一剖式。由两个不完整形组成的连续纹样的图案，叫全剖式（图2-13）。由一个整形和两个不完整形组成连续纹样的图案，叫一整一剖式（图2-14）。

图2-13　全剖式

图2-14 一整一剖式

二方连续图案的两个单位纹样相邻时，要考虑到相邻纹样间的关系，要注意以下几种情况：①相邻但不相接，注意纹样之间的相互适应，一形剩余空间被另一形利用，互就互让。②相邻纹样相接，以共用形或共用线共存，相互成为对方的一部分。③相邻纹样相重叠，以共用形相生。

在设计二方连续图案时，要注意纹样排列的起伏变化、聚散变化、疏密变化，体现形式变化法则。不同方向的纹样穿插要生动自如，两个以上不同形态的纹样排在一个循环单位时，要注意起伏变化的方向，使单位纹样间有呼有应、互相关联，有退有让、避免干扰。

（二）四方连续

四方连续图案是由一个单位纹样向上、下、左、右四个方向重复排列而成，可向四周无限扩展。因其具有向四面八方循环反复、连绵不断的结构组织特点，又称为网格图案。它有散点、连缀、重叠等构成形式，其中以散点连续为主要构成形式，用处最广，在此进行重点介绍。

1.散点连续

散点连续在形式上有规则与不规则两种。规则排列是在一个单位内等分数格，在每一格里填置一个或多个花纹组成一个单位纹样，互不冲突。不规则排列是将花样在一定区域内的上下和左右连续对花的循环点确定后，随意穿插其他花纹（图 2–15）。

散点排列方法有平行排列与梯形排列两种。平行排列是在上下左右连续对花。这种排列方法不易杂乱，

图2-15 四方连续图案在服装上的应用

图2-16 散点式梯形排列

容易掌握，但若排列不当，大面积连续后容易产生横档、直条、斜路等空档。梯形排列是上下对接花，左右一高一低错开连续接花。高低错开的程度有二分之一、三分之一、四分之一等，形成梯状连续形式。特点是用分格排列的方法，产生不规则的散点效果。在散点安排上，不受一个单位区域的约束，大面积连续后，具有灵活和变化丰富的特色，并由于连续错开，不容易出现空档（图2-16）。

散点连续因单位纹样中散点数量的不同，而分为不同的构成形式。在一个单位区域内配置一个（组）散点纹样时，小单位宜采用朵花或团花，大单位宜采用折枝花。在一个单位区域内配置两个（组）散点纹样时，若纹样带有方向，最好排成丁字形，采用大花或小花折枝纹样。在一个单位区域内配置三个（组）散点纹样时，如用大、中、小三个散点组成，则应注意大点与中、小点成丁字形。如采用平行排列，则忌用正方形作为一循环单位，以避免起斜路。可采用长方形，越长越好。

在一个单位区域内配置四个（组）散点纹样时，适宜用二大二小，大小靠近，梯形要注意大小分布均匀（图2-17）。

2.连缀连续

连缀连续是单位纹样间相互连接或穿插的四方连续图案，其连续性较强，有阶梯连缀（图2-18）、波形连缀（图2-19）和转换连缀（图2-20）几种。

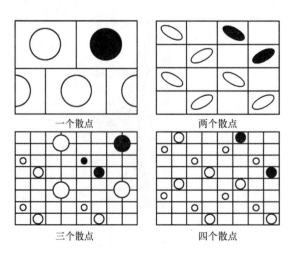

一个散点　　　　两个散点

三个散点　　　　四个散点

图2-17 散点构成形式

图2-18 阶梯连缀

图2-19　波形连缀

图2-20　转换连缀

3.重叠连续

重叠连续是采用两种以上的纹样重叠排列在一起而形成的。底层的花纹叫地纹，上层的花纹叫浮纹。一般用地纹作衬托，浮纹作主花，形成上下层次的变化。重叠连续的构成方法有四种：几何地纹与散点浮纹重叠构成，散点地纹与散点浮纹重叠构成，连缀地纹与散点浮纹重叠构成以及相同的地纹与浮纹重叠构成，但须采用不同的表现方法。

四方连续的排列比较复杂，它不仅要求纹样造型严谨生动、主题突出、层次分明、穿插得当，还必须注意连续后所产生的整体艺术效果。四方连续图案的应用也很广泛，建筑装饰的壁面、墙纸、陶瓷地砖，染织中的印花布、丝绸，书脊装帧等都会用到。对面料及服饰设计而言，满衣式是最为常见的形式之一。

第二节　服饰图案色彩及其应用规律

一、服饰图案的色彩

色彩是服饰设计的灵魂，服饰通过色彩表现其主要特征。色彩具有表情性，能够传达一定的情感，表现出兴奋与沉静、暖与冷、前进与后退、活泼与忧郁、华丽与朴素等特征。

服饰图案的色彩是装饰色彩，它不同于写生色彩。写生色彩以客观对象为依据，运用写实性的表现手法反映对象的真实色彩，注重对象的固有色与环境色之间的相互关系以及光源变化对这种关系的影响。服饰图案色彩则摆脱了对自然色彩关系的依赖，把自然的色彩加以强化、归纳和整理，附以一定的主观意愿和感情，用理想化的手法和浪漫的情调去自由地运用色彩（图2-21）。

大胆整合自然色彩,营造出强烈的浪漫气息

图2-21　服饰图案色彩的装饰性

　　服饰图案色彩淡化了真实性和逼真感，加强了色彩的设计意识与象征意义，根据装饰形象的色彩需要，去寻找最美的色彩因素和色彩关系，进行重新组合与再创造，人为地组成一个色彩氛围。服饰图案色彩不是单独存在的，其色相及色调构成要与服装的整体设计及服饰环境和谐、统一。如服饰图案色彩与服装材质、服饰形式、着装人的气质等应和谐、统一。又如，色彩使材质更富表现力，材质又使色彩更加丰富、饱满而有力度，两者相辅相成、相得益彰。

二、服饰图案的色调

　　色彩有三要素，即色相、明度、纯度；还有色性，即冷、暖色性。色彩通过其三要素及色性，构成了不同的色调。

（一）从色相上分

　　从色相上分，服饰图案的色调可分为同类色色调、类似色色调、对比色色调。

　　1.同类色色调

　　同类色色调指同一色相加白或加黑，作明度与纯度的改变所形成的色调。其色相主调十分明确，是极为协调、单纯的色调，属弱对比效果的色组（图2-22）。进行此类设计时，要注意明度上的深浅变化，以消除单调感（图2-23）。

　　2.类似色色调

　　色相环上相邻的二至三色为类似色，类似色色相间的距离为30°左右。如红与橙、橙与黄、黄与绿、绿与蓝等组成的色调。类似色的色调与色相对比不大，色彩倾向相似，色调统一和谐、感情特性一致，容易调和，属中对比效果的色组（图2-24）。这类服饰图案给人感觉柔和、和谐、雅致、文静，但也容易出现模糊、乏味、无力等缺点，因此，在设计此类图案时，必须通过调节明度差来加强效果。

图2-22 同类色色调

为避免同类色色调的服饰出现乏味现象，一般可对色彩的明度进行不同程度的变化

图2-23 服饰图案色彩的明度变化

图2-24 类似色色调

3.对比色色调

对比色色调指在色相环上相距 100° 以外的色彩。如红与绿、黄与紫、蓝与橙等组成的色调。其色相感鲜明，各色相互排斥，效果强烈、醒目、有力、活泼、丰富，但也因不易统一而让人感觉杂乱、刺激，易造成视觉疲劳（图 2-25）。对比色色调属强对比效果的色组，一般需要采用多种调和手段来改善对比效果（图 2-26）。

图2-25　对比色色调

（二）从明度上分

两种以上色相组合后，由于明度不同而形成的色彩对比效果称为明度对比。它是色彩对比的一个重要方面，是决定色彩感觉是否明快、清晰、沉闷、柔和、强烈或朦胧的关键。其对比强度取决于色彩的明度等差色级数。根据明度对比的不同效果，色调可分为高明度色调、中明度色调和低明度色调。

1.高明度色调

高明度色调指以高明度色彩为主的色调。配色用高明度的纯色，或中、低明度的纯色

对比色色调在应用时，应适当降低色彩的纯度

图2-26 对比色色调的应用（服装设计师邓皓作品）

加白或灰（图 2-27）。这种色调可使画面产生明亮、轻快、柔和的色彩感觉。

图2-27　高明度色调

2.中明度色调

中明度色调指以中明度色彩为主的色调，或在高、中、低明度色彩的配置下，整体图案呈中等明度的效果（图 2-28）。

3.低明度色调

低明度色调指明度和纯度均较低的色调（图 2-29）。这种色调缺乏力度，容易产生沉闷的感觉，应配以少量的纯色或高明度的色彩，增加整体图案的活力（图 2-30）。

（三）从纯度上分

两种以上色彩组合后，由于纯度不同而形成的色彩对比效果称为纯度对比。它是色彩对比的另一个重要方面，但因其较为隐蔽、内在，故易被忽视。在服饰图案色彩设计中，纯度对比是决定色调感觉华丽、高雅、古朴、粗俗、含蓄与否的关键。其对比强弱程度取决于色彩在纯度等差色标上的距离，距离越长，对比越强；反之，则对比越弱。从纯度对比上来看，色调可分为高纯度色调与低纯度色调。

1.高纯度色调

高纯度色调指以纯度高的色彩为主的色调，画面有明快、鲜明、对比强烈的效果（图 2-31）。

2.低纯度色调

低纯度色调指整个图案画面色彩纯度较低，感觉沉稳、协调，但要注意明度的对比（图 2-32）。

图2-28 中明度色调

图2-29 低明度色调

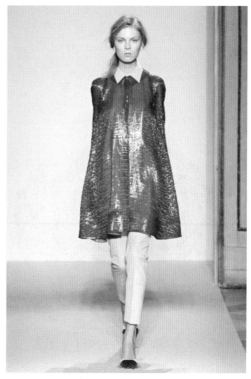

图2-30

低明度色调混合纯度较高的白色和靓丽的纯色，可以起到丰富服装色彩的作用

图2-30　低明度色调的应用

图2-31　高纯度色调

图2-32　低纯度色调

（四）从色性上分

色彩的冷暖为色性，它主要是指色彩结构在色相上呈现出来的总印象。从色性上分，色调可划分为冷色调与暖色调。

1.冷色调

冷色调指以色相环上的冷色区色彩为主的色调，图案画面让人感觉宁静、平和、神秘。进行此类设计时，可在不破坏冷色调子的情况下加适量暖色，增加色彩的丰富感（图2-33）。

2.暖色调

暖色调指以色相环上的暖色区色彩为主的色调。暖色调给人以热情、亮丽、充满活力的感觉（图2-34）。

图2-33　冷色调

图2-34　暖色调

三、服饰图案色彩设计的基本方法

从服装整体造型上来看，服饰图案不是独立存在的，其纹样及配色设计必须服务于服装的整体造型。在服装造型的三大要素中，款式设计起着主体构架的作用，面料是体现款式结构的基本素材，色彩则是创造服装整体视觉效果的主要因素。这三大要素在服装设计和服装造型过程中，是一种相互制约又相互依存的关系。因此，分析服饰图案配色的基本方法，要从图案的配色设计和服装的整体设计两方面来考虑。常用配色方法有以下五种。

（一）衬托法

衬托法的主题突出、宾主分明、层次丰富，它有点线面的衬托、深浅明暗的衬托、长

图2-35　色彩呼应
（服装设计师邓皓作品）

短大小的衬托、纹样沉浮的衬托、简繁的衬托、结构分割的衬托、边缘主次的衬托、动静的衬托、地纹主次的衬托等，同时形成一定程度的对比。如从服装整体设计上来看，服饰图案设计可采取深浅衬托的方法，用领边、袖边、裙边的浅色图案来衬托主体的深色调。

（二）呼应法

色彩呼应在服饰图案设计中很常见。所谓色彩的呼应就是图案色彩构成采用近似色或服装不同部位色块中都含有同一色彩元素，使图案内部或不同色块间产生内在的联系，形成整体感。如裤子色彩可与上衣花边图案中的色彩呼应成趣（图2-35）。我国南部云锦的妆花配色是有关图案配色设计很好的例子，如"三晕"的配色法——水红、银红配大红（都含有红的成分），葵黄、石绿配名青（各色都有青的成分），藕荷、青莲配紫酱（各色都有紫的成分）。服饰图案的呼应手法又含有前后呼应、宾主呼应之意，色彩呼应要掌握好宾主、方向动态的有机联系和相互照应。

对于同种色彩空间上的呼应要注意各种服饰图案块面的大小、布局的疏密、聚散对比的变化，使各部分互为联系、对照呼应，使得服饰整体具有一定的节奏感和韵律感。

（三）点缀法

色彩的点缀往往起着画龙点睛的作用，如在宁静的冷色调中点缀暖色调，会给人以明亮的感觉（图2-36）。

（四）缓冲法

服饰图案的色彩设计，可通过增加互补色来缓冲单一色彩带给人的强刺激，减轻视觉疲劳；也可通过加入缓冲色，即中间色来使图案整体色

任何设计都不可能简单地使用一种方法，服饰图案设计中呼应和点缀往往同时被使用

图2-36　色彩点缀

彩更趋柔和、协调。如在红色衣裙上搭配白色绢花图案，用白色绢花来缓冲红色强烈的色彩气氛，使服装艳丽中又不失典雅大方。在对比色或互补色之间加入缓冲色，如加入金、银、黑、白、灰中任何一种或加入对比或互补色的中间色，可减弱对比强度，达到画面色彩调和的目的。实践证明，在服饰图案设计中，色与色之间的缓冲与衔接是非常重要的。

（五）色块拼接法

色块拼接配色方法能起到对比、调和作用，如当前流行的几何形配套拼接服饰图案设计。具体地说，色块拼接的方法很多，有的用不同色彩的同种面料拼接，有的用不同色彩感觉的针织面料与机织面料拼接。拼接的部位有前胸、后背、肩、袖、领等，使服装具有新颖大方、绚丽多彩的效果（图2-37）。

在大色块拼接的基础上，每个色块又可独成一体，继续细化设计

图2-37　色块拼接

四、服饰图案配色设计的注意事项

（一）色彩面积不能平均分配

服饰图案以对比色或互补色进行组合配色时，色彩面积在分量上不能平均分配，而应以一种或一组色彩为主，形成主色调。主色调是色彩之间取得和谐的重要手段，它就像乐

队的指挥，把各种色彩统一在设定的指挥棒下。

（二）大面积的弱色，小面积的强色

这是一条重要的调和原理，所谓强色是指较高明度与较高彩度的颜色，所谓弱色是指含灰度较高的色彩。大面积的含灰色，减少了视觉的刺激；小面积的强色，可产生注目性，是使色彩产生生动性和趣味性的关键。上、下装服饰图案的色彩配置要特别注意服饰图案与面料底色的面积比例，如果选用对比色相，最好拉开两色相之间的明度或纯度差（图2-38）。

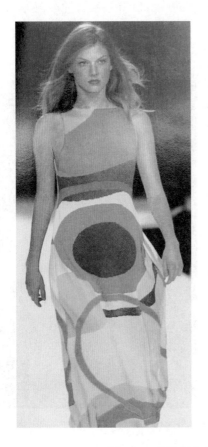

图2-38　色块对比强烈的服饰图案设计
（其中右图为服装设计师邓皓作品）

（三）选择适当的主打色

色彩不单是色与色的组合问题，还与色的面积、形状、肌理有关。要按一定的计划和秩序搭配颜色，相互搭配的色彩主次应分明。

服饰图案中不同颜色的色彩面积比例直接影响到最终的视觉效果。应当使该服饰图案中的某个色彩占据主导地位，并且，纯度低的色彩面积应当大于纯度高的色彩面积。如果服饰图案是以高明度为主，那么服饰图案设计应能创造明朗、轻快的气氛；低明度为主时，能产生庄重、平稳、肃穆、压抑的感觉。

（四）色彩多少与色彩对比

服饰图案是为服饰设计做准备的，往往因工艺和成本的制约而限制图案的用色套数。一般来讲，服饰图案用色套数少了，如处理不好，易使画面的色彩单调、缺乏变化。套数多了，如处理不当，则易使画面色彩杂乱。而运用得合理，套数少可以使画面效果单纯、强烈、醒目；套数多则可以使画面效果柔和、丰富，增加画面的层次感与深度。

在用色习惯上，用色套数少时，可选用在色环上距离较远的色相，这样可避免因套色少而造成的色彩单调。用色套数多时，在色相上的变化相对大一些，可增加一些主要颜色的邻近色以及在明度、纯度上的过渡色，类似黑白画中的深、浅灰色，加强画面形象的层次感，使色彩更丰富。

（五）灵感吸取

从配色方法的角度讲，可以从我国众多的民间工艺中吸取灵感，如泥塑、年画、布老虎等，它们是淳美民风的结晶，反映了各民族人民的审美特点。从色彩美学的角度讲，它们的色彩艳丽而又沉着，清新而又质朴。泥塑的色彩主要以黑、白、红三色为主，色彩浓艳、对比强烈、趣味性强（图2-39）。年画以华丽鲜艳的天津杨柳青年画和温婉素雅的苏州桃花坞年画最为著名。天津杨柳青年画色彩对比强烈，常以红、绿、黄三色为主，浓艳红火，有着较强的装饰性（图2-40）；苏州桃花坞年画用色讲究，善用粉红、粉绿等色，色彩鲜明而雅致（图2-41）。布老虎是陕北、山西一带农村盛行的民间艺术。它用碎布、棉花、丝线做成，颜色以橙、红为主，质朴亲切，富有强烈的乡土气息和浓郁的乡村特色（图2-42）。这些色彩运用到服饰图案的设计中，往往会增添一种古朴典雅的、让人倍感亲切的内在美。

图2-39　泥塑

图2-40　天津杨柳青年画

图2-41　苏州桃花坞年画"麒麟送子"

图2-42　布老虎

学生作品赏析

学生作品一：四方连续图案在服装设计中的应用

作者：王露萍

作品点评：这两幅服装效果图中服装的主题面料均采用四方连续图案形式，图案组织形式与图案的色彩相结合，表现出少女装的自然、清新与活泼。

学生作品二：适合服饰图案在服装设计中的应用

作者：陈宜静　　　　　　　　　　　作者：陈宜静

作品点评：两幅设计作品中的剪纸图案、手绘图案以适合纹样形式出现在前胸、下摆、手腕、腿部等装饰部位，体现出古典、民族的效果，同时又不失现代时尚感。

学生作品三：服饰图案色彩的应用

作者：李楠

作品点评：该服饰图案中对比色调的使用，使作品效果强烈、醒目、活泼、丰富，点缀色的使用，缓冲了色彩对比的强度，丰富了色彩效果，达到使色彩和谐统一的目的。

作者：吕乔　　　　　　　　　　作者：潘珏君

作品点评：该系列设计作品中图案色彩以黄红邻近色为主，辅以对比的蓝绿色调，使作品色彩和谐，同时又不失丰富与活泼感。

作者：郑彬　　　　　　　　作者：谭晗颖　　　　　　　　作者：韩文菲

作品点评：整体低明度色彩中，使用少量高明度的色彩，使色彩上不会显得乏力与低沉，色彩对比鲜明、有力而醒目。

作者：陈羲　　　　　　　　　　　　　　作者：蔡欣格

作品点评：低纯度色彩的应用给人沉稳、大气、古朴的感觉，同时明度的变化使作品不显低沉。

应用理论与训练——

服饰图案的设计

课题内容： 服饰图案的设计方法

　　　　　　针对款式的服饰图案设计

　　　　　　针对款式的服饰图案系列化设计

　　　　　　针对面料的服饰图案设计

　　　　　　针对面料的服饰图案系列化设计

　　　　　　服饰图案的设计原则

　　　　　　服饰图案的设计主题与设计要点

　　　　　　服饰图案设计的灵感来源

上课时数： 18课时

训练目的： 能够掌握各种图案的设计方法，能够针对不同风格特色的款式进行相应的图案设计，能够针对不同风格的面料进行系列服装的设计，掌握服饰图案色设计原则，设计主题的表达及设计的要点以及对于图案设计灵感源的搜集

教学要求： 1. 掌握服饰图案的各种设计方法

　　　　　　2. 能够针对不同风格的款式进行图案设计并进行系列拓展设计。

　　　　　　3. 能够根据面料图案进行系列服装设计

　　　　　　4. 掌握服饰图案设计原则

　　　　　　5. 了解服饰图案的设计主题与设计要点

　　　　　　6. 服饰图案灵感的搜集与积累

课前准备： 学习系列服装设计的原则与方法、学习服装效果图的绘制方法，查阅中国传统图案、西方图案

第三章 服饰图案的设计

　　服饰图案设计就是用一定的艺术手法，通过构思、布局、造型和用色设计提炼出具有一定表现力与装饰性，并适合应用于服饰上的图案。对于服饰图案设计的学习和训练，不仅是培养服装艺术造型能力的基本方法，而且是研究及掌握形式美法则的重要途径，更是提高服装设计师修养和审美品位的有效方法。

第一节　服饰图案的设计方法

　　服饰图案设计的目的，就是将自然形象中美的因素进行必要的组合、归纳、分析和整理，把设计师具有创造性的艺术想象力加以程式化的抽象概括，并融入设计者的内在情感与风格追求，以艺术美的形式表现在图案形象中。而服饰图案的设计方法，就是为达到这个目的而采取的必要的途径、步骤和手段。它是建立在对于过去经验的总结、对新方法的探索基础之上的，涉及服装产品的外观造型、色彩搭配、面料肌理等诸多方面的内容。

　　本节把服饰图案的设计方法具体概括为提炼、夸张、添加、抽象、加强等。

一、提炼

　　提炼，或称简化归纳，是纯化形态的一种方法，就是在装饰变化过程中，对纷繁复杂的自然物象进行秩序化的梳理，使其构图、造型、纹理规律化，条理化，将局部细节省略归纳，舍去物象的非本质细节，保留和突出物象的基本属性，有时甚至将物象典型的特征或美的纹理重复再现，形成韵律美和秩序感。常见有以下几种提炼方法：

（一）外形提炼

　　外形提炼方法主要着眼于物象的外轮廓变化，强调外轮廓的整体性与特征性，省略物象的立体层次和细枝末节，选择物象的最佳表现角度，即最能体现物象特征的视点（正视、侧视或俯视）作平面的处理，多用具有装饰性的直线、曲线修饰外形轮廓。我国传统的民间剪纸和皮影造型多采用这一方法（图3-1）。

（二）线面归纳概括

　　用线或面概括地表现物体的结构、轮廓或光影的明暗变化，省略中间的细微层次，用线条勾勒和留白的手法进行图案设计（图3-2）。

图3-1 外形的提炼概括

图3-2 线面归纳概括

（三）条理归纳概括

将物象本身所具有的条理、秩序因素加以统一、强化，对有曲线、直线因素的物象，可加强其曲直表现，或归纳为纯几何形态（图3-3）。

图3-3 条理归纳概括

二、夸张

夸张是设计中一种常用的表现手法，为增强艺术表现效果，鲜明地揭示事物的本质，可以把图案中的某些特征加以突出、夸大和强调，使原有形象特征更加鲜明、生动和典型，增强艺术感染力。夸张变化有局部夸张、整体夸张、动态夸张、抽象夸张等方法。

（一）局部夸张

局部夸张是强化物象中的某一部分，通过改变其比例和结构来强化主题、增加装饰效果。为达到特定的表现目的，往往舍去或淡化其他部分而强化局部特征（图3-4）。

（二）整体夸张

整体夸张突出夸大物象的外形特征，淡化局部或细节，使其趋向性更大，整体形象更加强烈、鲜明（图3-5）。如在表现古代仕女时，可拉长其体型，将其概括为流线型，塑造出修长秀美的古代窈窕淑女的形象。

图3-4　局部夸张

图3-5　整体夸张

（三）动态夸张

　　自然界中各种物象均具有动态特征，分为内力动态和外力动态。人和动物因自身的内力而具有一定的动态，夸大这种动态，可使其本身具有的力感和运动感更明显。自然界的其他物质，如植物，则呈现出外力动态，需受外力而产生动态。画家笔下的清风竹韵，便是风的外力使竹子产生了动感。动态夸张能更好地表现动作特征，增强动感或节奏感（图 3-6、图 3-7）。

图3-6　人物动态夸张

图3-7　动态夸张

（四）抽象夸张

抽象夸张是将物象具有方、圆、曲、直等形式倾向的形态加以强化，变成垂直、水平、几何曲线、规则几何形等，使物象更具装饰性（图3-8）。

三、添加

添加是根据画面审美的需求，对简化后的"形"添加必要的装饰，增加肌理效果，丰富形象自身的内涵，同时增加图案的装饰性和趣味性。常见的添加的种类如下：

（一）肌理性纹饰

依据自然物象本身的肌理、构造添加、变化。如斑马和老虎身上的自然花纹，就是极好的添加装饰（图3-9）。

图3-8 抽象夸张

图3-9 肌理性纹饰

（二）联想性纹饰

与物象生存环境、习性相关的纹饰为联想性纹饰。如在鸟身上添加植物纹（图3-10）、牛头上添加木纹（图3-11），可使人联想到它们所生活的环境。

（三）传统民间纹样

传统民间纹样看似与物象毫无关联，但添加之后，会使形象别出心裁，产生强烈的装饰效果（图3-12）。

在图案设计中，往往综合利用各种添加法，达到美化与装饰的目的，同时产生一定的趣味性（图 3-13）。

图3-10　联想性纹饰——鸟

图3-11　联想性纹饰——牛

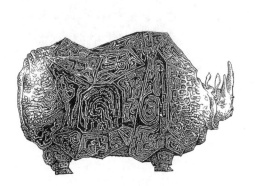

图3-12　传统民间纹样

图3-13　综合添加法——羊

四、抽象

抽象变化是利用几何变形的手法，对服饰图案形象进行变化、整理，通常用几何直线或曲线对图案的外形进行抽象概括处理，将其归纳组成几何形体，使其具有简洁明快的现代美。回纹、瑞花纹、卷云纹、八达晕纹都是先人创造的成功的抽象纹样。回纹是由陶器和青铜器上的雷纹衍化而来的，是将雷纹的线条直线化，主要用作服装的边饰和底纹，寓意吉利绵长。瑞花纹是在六角形雪花的基础上变化而成，呈中心放射状，而且变化多样，适合用作服装的胸背部装饰。卷云纹又叫祥云纹，是将云纹的形象用卷曲的线条表达出来，适合做服装面料的底纹。

五、加强

加强，也是服饰图案设计的常用方法之一，它能够使视线一开始就贯注在最主要部分，由主要部分向其他次要部分逐渐转移。加强不等同于夸张，夸张是对物象的形体、轮廓而言，加强则是对服饰图案应用于服装本身后的实际效果而言。优秀的服饰图案设计，应把人们的视线朝最显著、最醒目的设计细节引导，设法使视线远离身体美中不足的地方。

第二节 服饰图案的设计分类

从应用的角度来讲，服饰图案设计包括针对款式的服饰图案设计和针对面料的服饰图案设计两大类。针对款式的服饰图案设计，是对某一特定服装款式和穿用个体所进行的图案设计；针对面料的服饰图案设计，是对需进行大规模生产的面料所进行的图案设计。

一、针对款式的服饰图案设计

如同一件服装只有穿在特定人的身上才是完整的，服饰图案的设计也应针对具体的款式进行。在进行服饰图案的设计时，任何一位服装设计师都在自觉或不自觉地以某种特定的款式和人群为设计对象，这也是人们认可和欣赏设计师及其设计作品的思路和方法。假如缺少了服饰图案设计的针对性，我们就不会清楚设计的服务对象，这会使设计因盲目而缺少实用性，使设计流于纯粹的形式。

针对款式的服饰图案设计具有较高的灵活度。这种设计是通过图案的造型、色彩和结构之间所构成的关系来体现的，并与服饰的面料、色彩和款式有机结合，达到统一的视觉效果。在设计过程中，设计者要结合服装的廓型、结构特征，仔细斟酌图案摆放后的效果，通过形式美的法则创造出最佳组合形式（图 3-14）。

二、针对款式的服饰图案系列化设计

系列化服饰图案设计是指风格一致、外观接近、具有一定联系的归类设计。它以某一花样为基本型，设计组合成两组以上的面料图案。系列化的最大特点是系列设计中的每个花样既独立又相互联系，保持着统一而有变化的整体感。它能够以造型、色彩为主组合成系列，也能够以品种、题材、装饰风格为主组合成系列（图 3-15）。

进行针对款式的服饰图案系列化设计时，应注意在图案区别与变化的前提下，明确图案主干结构和主体图案。在考虑上述图案设计本身的整体性之外，还得解决系列图案设计中横向单品之间的联系和协调。

作者：Libby

图3-14　针对款式的服饰图案设计

作者：张洁

图3-15　针对款式的服饰图案系列化设计

三、针对面料的服饰图案设计

　　针对面料的服饰图案设计是"技术设计"与"艺术设计"的有机结合，除图案设计外，针对服装面料的图案设计还包括底纹设计和整理设计。服装面料设计的图案、底纹、整理三层结构，从空间上看是依次叠加而组合在一起的，形成和谐、统一的视觉效果。

　　服装面料底纹设计作为服装面料图案设计的首要步骤，是服饰图案设计的基础。整理设计为服饰图案的外表设计，它是通过物理、化学方法对面料进行后整理，以达到增加美感、改善外观或赋予织物特殊功能的目的。整理设计包括织物整理与风格整理。织物整理可采用轧光、电光、轧纹等物理方法，抗皱免烫、拒水、阻燃等化学方法，耐久性轧光、轧纹整理等物理化学方法。风格整理可通过绣花、珠饰等手段达到预期的效果。

四、针对面料的服饰图案系列化设计

　　进行服装设计时，如何有效、合理地利用现有面料是每一位设计师必须面对的问题。面料图案与服饰图案，两者之间有一个转化、再创造的过程。即使面料相同，如果与不同的款式、结构和装饰部位结合，也会产生不同的审美效果与风格。同一款式的服装即便用同一图案的面料，由于剪裁、拼接方式的不同，其图案效果也会有很大差异。服装面料图案所具有的再创造性，使得面料图案呈现出多样化的个性空间与视觉效果（图 3-16）。

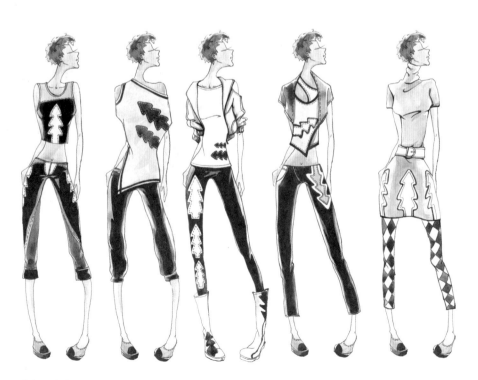

作者：张洁

图3-16　针对面料的服饰图案系列化设计

第三节　服饰图案的设计原则

一、创造性原则

服饰图案作品中应包含有区别于他人作品，具有一定想象空间的创造性因素。创造是人类特有的能力，人类社会的进步史，就是一部不断创造的历史。科学上的发明、技术上的革新、文学艺术的创作等，都是创造的直接反映。服饰图案设计也不例外，创造是服饰图案设计的本质。服饰图案如果缺少了创造性，也就失去了服饰图案设计的价值和意义。

服饰图案的创造，需要突破常规，这种创造可以是想人之所未想，发人之所未发，也可以是在别人创造成果的基础上进行再创造，把别人未曾充分表现的内容继续完善，或以全新的视角重新去审视和表达。例如，利用传统工艺，在普通面料上创造出造型丰富的立体图案（图3-17），或利用已有的构成形式，把完全不同的材料组合在一起，形成新的图案（图3-18）。

图3-17　抽褶图案（服装设计师马可作品）　　　　图3-18　不同材质组合而成的图案

服饰图案设计还必须讲究原创性，哪怕这种原创只是创意形象构成的众多因素之一。强调和注重服饰图案的原创性并不是说绝对不能借鉴别人的成果。因为创造不是空中楼阁，任何创造都要建立在已有事物之上，与已有事物的某些形象或元素相联系。服饰图案的原创，并不否定运用已有的形态、造型、色彩、材料，或是运用已经存在的构成形式，但立意一定要新颖独特，想法一定要与众不同。要抓住事物的特殊性，寻求选材、立意和表现上的新角度，充分展示自己独特的认识和新颖的观念。

服饰图案的立意要新颖、想法要新奇。服饰图案创造性所涵盖的内容是多方面的，不仅包括视觉造型方面，还包括设计师的观念和认识。无论采用何种图案创造形式，设计师都应从横向和纵向两个方面进行把握。横向是了解别人已有的成就，明确服饰图案发展的现状；纵向是了解服饰图案的过去和现在，从而清楚其发展的走向。有了这两方面的知识，才会在设计中有所比较，运用求异思维，创造出新颖独特的作品。

此外，服饰图案的创造性设计是在实用性基础之上展开的，创造性和实用性是服饰图案设计不可分割的两个方面。服饰图案创意要遵循服用性的原则，超越服用性的创意将会失去服饰图案设计最本质的意义，忽略服饰穿着性的图案设计是不能被消费者所接受的。

二、饰体性原则

饰体性原则，是指服饰图案应对人体的结构、形态和不同部位起到装饰与美化作用。在服饰图案设计过程中，设计者应考虑到人体的结构及体态特征，并努力使图案与之相适合。

服饰图案与人体是相互映衬、互为补充的。如果设计合理，服饰图案与人体可以相互呼应、互相衬托。图案可提醒、夸张或掩盖人体的形体特征，表现人的气质、个性；人体的形体特征又可使图案更加醒目、生动、富有意趣。因此，服饰图案设计不能局限于平面的完美，还应充分估计到它在着装人体上的实际效果，即考虑到服饰图案的饰体性。

图3-19 服饰图案饰体性原则的表现

服饰图案的饰体性原则还表现在与人体的空间效果上。服装通过人体展示其形态，服饰图案也是以人体为基准的立体物。立体感是一种空间视觉，服饰图案审美也是空间审美，要结合不同的人体部位做不同的设计。20世纪30年代，意大利女装设计师夏帕瑞丽（Schiaparelli）指出，时装设计应具有如同建筑和雕塑般的空间感和立体感。40年代，法国著名"新外观（New Look）"女装设计师迪奥也指出女装的表现应有圆滑的肩膀、丰满的胸脯、苗条的腰部等特点，这一结构如同建筑一样具有空间感。因此，服饰图案设计要与服装塑造的空间感相一致（图3-19）。

三、和谐性原则

服饰图案的和谐性原则，既包括服饰图案本身形式方面的秩序、对称、节奏的和谐，又包括图案与服装相联系所产生的关系的和谐。和谐之美存在于客观事物自身所处的各种"关系"中。如果事物各部分之间的关系能引起人们的喜爱和情感愉悦，这种事物就是和谐的，反之就是不和谐的。这种和谐包括时间与空间的和谐、局部与整体的和谐以及形式与精神的和谐。

（一）时间与空间的和谐

所谓时间与空间，不仅是着装者的活动时间和场所，还应该包括其所处的社会、时代、民族乃至文化教养等相关因素。服饰图案的和谐是随着关系的变化而变化的，好比语言有其产生的时间、存在的语境，服装有其穿着的场合，服饰图案设计也应考虑图案产生与存在的背景、图案各部分之间以及图案与周围事物、环境间的和谐统一，即服饰图案设计应与着装者达到时间与空间上的和谐。

服饰图案的设计者在进行创作的过程中，要充分考虑人们穿着的时间和场合的具体特点。不同素材、不同形式、不同色彩的图案在服饰上形成不同的风格和符号，这些图案只有与服装的穿着时间和场所相统一、协调，才能起到应有的装饰效果（图3-20）。

图3-20　时间与空间的和谐

（二）局部与整体的和谐

若想让服饰图案作品具有较强的观赏性，就要在服饰各部分之间的关系上，特别是局部与整体的关系上，追求和谐的效果。服饰图案视觉形象和谐效果的产生，不仅体现在各部分之间的比例、位置、主次等要素恰到好处的安排上，还表现在各部分与整体的和谐一致上。

在进行服饰图案的设计时，应始终坚持局部与整体的和谐性原则，利用局部对整体形

图3-21 局部与整体的和谐

象塑造的完善与促进作用，达到局部与整体的和谐统一（图 3-21）。

（三）形式与精神的和谐

服饰图案的和谐性原则，与服饰形式所体现出的精神因素密不可分。这里所谓的精神因素即服饰形式所体现的气质感，如优雅、端庄、绰约、柔婉、浪漫、妩媚、纤丽、娟秀、刚健、雄豪、伟壮、潇洒等。服饰图案表现的主体是人，不是服饰图案本身。人既是服装的支架，又是服装所要表现的内容。因此，从本质上讲，服饰图案的审美，是为了显示人的美。如果服饰图案设计不能使着装者透射出自身的美，图案设计就失去了它的实用意义，也未能达到形式与精神的和谐统一。因此，任何具有形式美感的服饰图案，只有与相应的服饰形式和气质和谐统一时，服饰图案内蕴的形式美才能被引发出来。

任何一种服饰都有一个相对应的消费群体，准确地针对这个群体进行设计非常重要，这是服饰图案设计不同于纯艺术创作的关键所在。消费群体的社会构成很复杂，与职业、教育、修养、生活习惯、审美趣味以及收入、环境等有关，其心理特征又因性别、年龄、情绪、爱好的不同而存在很大的差异。在服饰图案的设计中，许多方面都要受到消费群体特征的制约，并要投其所好，而不能以设计师自身的艺术风格和审美趣味为主导。

四、动态协调性原则

动态协调性原则主要是指服饰图案的构成形式要与人体动态相协调。服饰图案设计首先应考虑服装的功能，使服装成为一种符合功能和自身需要的形式。在"功能"这一主要设计原则的制约下，服饰图案设计被视为实用性、技术因素、意识形态、服装形式的结合。由于着装者总是处于一种运动状态，所以服饰本身也处于一种不断变化的动态中，服装面料相应呈现出各种褶皱、光影和明暗的肌理变化，服饰图案也随之呈运动状态，向观者展示出一种动态的美。正是这种服饰图案的动态美，使条纹和棋子格等原本单调的图案，在穿着后显示出丰富的变化和不确定的视觉效果。对服饰图案来说，这种变化的动态美，充分体现出服饰图案的动态美。

五、可实现性原则

服饰图案的设计与表现，会受到服饰原材料和加工工艺的制约。虽然服饰图案的创作是设计者充满想象力的艺术创作，但最终还是要通过不同的制作工艺来实现。因而，在进行服饰图案设计时，必须考虑工艺、材料的特性以及设计方案的可行性。不同服装面料的质地和性能可以产生不同的效果，如有的朴实无华、有的奢华精美、有的简洁明快、有的丰富绚烂等。服饰图案设计，既要符合原材料的特点，又要利用和发挥原材料的优势，并扬工艺之所长，避工艺之所短，创造出可实现的服饰图案。

第四节　服饰图案的设计主题与设计要点

在进行服饰图案设计之前，首先要明确创作的内容，然后进行全方位的仔细观察，使形象清楚，并分清图案素材的主要形象与次要形象。对自然景物进行加工、提炼，并进一步发挥和创造。只有这样，图案纹样造型才具有美感和装饰性。由于品种多样、题材丰富、花色变化快又各具特色，所以，必须以一条有机的"综合艺术线"，即服饰图案的设计主题，把它们贯穿起来，使服饰图案成为既有个性特色，又有统一要求的综合整体，使最终产品在实用性及艺术性两方面发挥良好的功效。进行服饰图案设计，通常可从以下几方面挖掘设计的主题。

一、自然主题服饰图案设计

在缤纷绚烂的自然界中，我们时常看到变化莫测的浮云、绚丽多彩的云霞、一望无际的麦田、层层叠叠的森林、盛开的花朵、漂亮的鸟羽、各种动物的毛皮……大自然孕育了丰富的造型和肌理，这些都可成为服饰图案设计的天然主题。在此，对常见的花卉图案、树木枝叶图案及动物图案进行具体阐述。

（一）花卉图案

花卉图案在服饰图案的设计中多为利用性设计，即利用面料原有图案进行有目的的、有针对性的装饰设计（图3-22）。花卉植物图案作为装饰形象，大量运用于各种工艺品中，是人们最熟悉的装饰纹样。如新石器时代仰韶文化庙底沟类型彩陶上的豆荚、花蕾、花瓣纹样相当流行。在西方，装饰中的花卉纹样不胜枚举，如文艺复兴、哥特时期出现的西番花，欧洲壁毯中经常使用的小花朵，法兰西徽章上的百合花等。

　　1.花卉图案设计溯源

以花卉作为图案纹样始于中世纪，其思想基础是崇尚自然，认为神的荣耀体现在自然中。17~18世纪的欧洲艺术受到东方文化的影响，引发了人们追求花卉的热情，因此也产

图3-22　向日葵图案的运用

生了大量优秀的花卉图案纹样。丹麦皇室的皇家哥本哈根陶瓷厂，采用丹麦植物图鉴刊载的1800多种花卉，创造了许多写实的花卉装饰图案。

　　花卉图案在我国的装饰题材中占据统治地位，广泛出现在瓷器、织物、建筑和其他工艺品上。例如，以牡丹为题材的纹样可以说是最常见、最富于变化的纹样，自唐朝以来，牡丹就被视为富贵、繁荣、美好、幸福的象征，正因如此，牡丹纹饰在宋代被尽情发挥，不仅出现在服饰中，而且大量用于瓶、罐、盘、盒、碗等器物上，其构图多样、异彩纷呈（图3-23）。

　　2.花卉图案设计的注意事项

　　（1）花卉图案设计要注意有主次、有层次、有疏密、有虚实，这样才能显得生动活泼、绚丽多彩。

　　（2）花朵单体较小，适合多个成群出现，可以形成团状花，也可以作为辅助图案和大朵的花相互映衬。

　　（3）散点状花朵和剪影式花朵，比直接应

图3-23　北宋牡丹纹饰镶金扣边盘

用的花朵图案更为含蓄。

（4）以实色花朵为主的图案设计，应当注意色调的统一、花朵的大小穿插以及其所形成的主次关系。

（5）注重花朵与叶子之间的结构。结构的正确与否直接影响到所塑造形象的美感。

3.花卉图案设计的搭配原则

（1）上装与下装都为花卉图案时，以不同色彩、不同大小和不同风格的花卉图案的混合搭配为最佳。

（2）上、下装的花卉图案设计应当有所区别，最好是一大一小，一个具象一个抽象，但应当将其统一在一个色调中。

（3）尽量避免比较抽象的花卉图案和规则的花卉图案同时出现。

（4）身材偏矮偏胖的人不适合特别细碎和规则排列的花卉图案，而身材瘦小的人则不适合过于夸张的花卉图案。

（5）格子的外衣或套装，应避免再搭配格子的衬衣或格子的配饰，可以配素色或浅色花纹的衬衣和配饰。

（6）暗格图案的外套适合搭配花纹图案的衬衣，暗格在这里可被当作素色处理。印花图案的外套最好搭配素色衬衣，如果再搭配格子或线条的衬衣，容易令人眼花缭乱。

（7）选用花色面料时，以上衣花色配下衣单色或上衣单色配下衣花色为宜。如果上、下都用花色面料，最好选择同种图案。

（二）树木枝叶

或单独表现，或与动物、鸟、人物相结合的树木图案也具有很强的装饰性（图3-24）。因为文化背景不同，不同地域服饰图案中树木纹样的风格特征也有所差异。西方人认为大树是神圣的象征，对它怀有无限的崇敬之情，他们将森林视为天堂，粗壮的山毛榉就像是教堂的圆柱，成为人们巡礼的对象。古希腊、古罗马的神殿建筑，则用莨苕叶来装饰科林斯式（Corinthian）圆柱柱头，表达神殿永存万世的愿望。此外，栎树、菩提、莨苕等的植物被广泛运用在装饰图案中，其中开紫色花的莨苕生命力特别旺盛，象征着重生与复活，常作为房屋装饰纹样。这些图案纹样，都可以用在

树枝与叶的对比形态和衣服的款式相呼应，恰到好处

图3-24 树木枝叶图案

服饰图案设计当中。

树木枝叶图案设计的注意事项：

（1）设计树木枝叶图案时，从植物的走势和方向，到叶片的翻转角度都应仔细考虑。

（2）树木枝叶的图案设计要注重枝干和树叶的比例关系，合理处理画面的布局以及意境的营造。

（三）动物图案

动物作为服饰图案设计的主题是极为丰富的。无论是美丽的毛皮纹样，还是生动的动物造型，都是绝好的服饰图案设计素材。从日常所接触的家禽、家畜，到深山大泽中的狮虎豹、飞鸟虫鱼，都常现于服饰图案中（图3-25）。在纤维衣料出现之前，兽皮一直是人类服装材料的首选，成为最早的服饰图案。

图3-25　豹纹图案设计

1.动物图案设计溯源

人类使用动物图案的历史悠久。早在原始社会，动物形象就已被广泛应用于装饰图案之中。例如，中国西安半坡出土的新石器时代的彩陶，就饰以鸟纹、鱼纹、鹿纹和人面鱼纹等装饰纹样。西魏、北魏以及唐代敦煌壁画展示了大量的动物图案，那些奔驰在山间原野的黄羊、野猪、鹿和追逐弱小动物的虎、豹、狼、豺等，通过奔放的笔触、刚劲和流畅的线条描述出来，产生丰富、灵动、震撼的视觉效果。在我国明代，这个集服饰文化之大成的时代，动物图案被作为一种身份和官位的象征广泛应用于补子图案的设计中，出现在文、武百官朝服的前胸、后背上，如文官一品至杂职补子的动物图案分别采用仙鹤、锦鸡、孔雀、云雁、白鹇、鹭鸶、鸂鶒、黄鹂、鹌鹑；武官一品至九品分别采用狮子、虎豹、熊罴、彪、犀牛、海马，其图案精美华丽，具有很好的视觉效果和威慑力（图3-26）。

图3-26 中国古代官服上的补子图案

动物图案也被广泛应用于现代服饰图案设计之中。采用虎、豹等猛兽的兽皮纹样，不仅具有野性气质，也体现出一定的异域风情（图3-27）。除此之外，具有民族特色的羽毛或骨制首饰、色彩绚丽的皮绳、镶有羽毛缀饰的包袋以及可缠绕围系的鱼皮凉鞋，都是动物题材在服饰图案中的应用，它们使服饰图案更丰富、生动，给人以更强烈的视觉感受。

图3-27 虎纹图案设计

2.动物主题图案设计的注意事项

（1）变形是动物图案设计的造型手段之一，它侧重于表现动物的特征和典型部位，而不拘泥于形象的逼真和比例关系的绝对正确。在以动物为主题的服饰图案设计中，要善于抓住动物的外形和姿态，删繁就简，从细节入手。

（2）强调主要特征，可以适度夸张。动物图案形象的变形和夸张，既要合情合理，又要符合装饰美的要求，不能夸张过头，要含蓄隐秀，给人以回味、联想。

（3）它和植物花卉的变形夸张手段一样，都是运用提炼、概括、加减、联想等手法。

（4）动物经常处于动态与静态之中。动态图案的设计，可借鉴装饰图案构成形式法则中的平衡法则；静态图案设计，可借鉴平衡法则。

二、抽象几何形主题服饰图案设计

几何形抽象图案是以几何形如方形、圆形、三角形、菱形、多边形等为基本形式，通过理想式的主观思维对自然形态加以创造性地发挥而产生的一种新式图案。它不完全受自然形态的束缚。人类的造物，虽然有仿生的方式，但从总体上看来，主要是几何形体的，无论器物、工具还是建筑，几何形图案是最容易让人感知的图案构成形式。

1.抽象几何形主题服饰图案设计溯源

自古及今，几何形图案或几何形纹饰被大量运用，它以审美为主要价值，但也被赋予一定的象征意义（图3-28）。

简单的几何图形和鲜艳的色彩体现了哈尼族人的审美情趣

图3-28　哈尼族男装坎肩

图3-29　现代服饰中的几何形图案

在近现代，由于新技术的发展、设计手段的多样化以及现代派艺术对抽象图形的重视，几何形图案的某些特征、内涵被加以延伸和扩大，几何抽象图案出现了新的审美特征（图3-29）。

几何形抽象图案具有图案的典型意义和代表性。它不仅包含了图案变化、结构、形式的总体特征，而且奇妙地与其他艺术形式和艺术之外的科学思维、创造方式等有着内在联结，从而引起了人们的广泛兴趣和注意（图3-30）。

抽象几何形主题的服饰图案设计，多为针对性服饰图案设计，即针对某一特定服装所进行的设计。抽象主题图案没有固定的风格，而是在超现实主义中寻求心理的即兴表现力量，作为发现一种个人神秘感和激发潜在想象力的手段（图3-31）。例如蒙德里安的冷抽象，康定斯基的热抽象以及克利、米罗等大师的作品都具有代表性（图3-32）。现代主义抽象派绘画或后现代的新表现主义

图3-30　几何图案

绘画作品，也都是设计师比较中意的抽象图案，由这些绘画作品延伸出来的服饰图案往往超凡怪异、中心形象突兀，恰当地运用会造成与众不同的视觉冲击效果（图3-33）。

2.抽象几何形主题服饰图案设计的注意事项

（1）注意点、线、面的形态及大小变化。在造型上，有大与小的对比，方与圆的对比，高与低的对比，曲与直的对比，形象比例的对比。

（2）在构图上，有主与次的对比，聚与散的对比，方向位置的对比。

（3）注意点、线、面的节奏变化，也就是把形象从大小、虚实、明暗、疏密、方向等方面给予规律化的组织排列，赋予其一种韵味。

（4）抽象几何图案搭配设计的关键在于以底色为依据，以底色为主色。着装时以图案底色的同色系或对比色系搭配，配饰应选择与图案相同的颜色。如蓝底白点的图案配白色手包，蓝底白点的领带配蓝色西装。

三、波普主题服饰图案设计

波普主题服饰图案设计，属针对性服饰图案设计。波普艺术是英文 Popluar Art（大众艺术）的简称，最早起源于 20 世纪 50 年代的英国。美国

图3-31　抽象图案的T恤

图3-32　源于康定斯基绘画的几何形抽象图案设计

图3-33　现代绘画表现

的波普艺术与20世纪50年代的抽象表现主义有直接的联系，当年轻一代的艺术家试图用新达达主义的手法来取代抽象表现主义的时候，他们发现流行文化为他们提供了非常丰富的视觉资源，时装女郎、广告、商标、歌星、影星、快餐、卡通漫画等，这些图像被直接搬上画面，形成一种独特的艺术风格。

　　安迪·沃霍尔（Andy Warhol），是波普艺术最具代表性的大师。这位捷克籍的美国艺术家以可口可乐、速食罐头等题材的作品而闻名，之后他又将电影明星和名流要人作为创作对象。其中最为人熟知的就是1962年创作的《玛丽莲·梦露》。20世纪20年代以来，还没有一位艺术家像他那样对时装界有如此巨大的影响。他丰富的想象力对整个20世纪60年代的纽约名人都很有启发。他尝试用纸、塑胶和人造皮做衣服，色彩艳丽，上面印有俗艳的花纹。他把服装当作艺术来实验，别具一格地用波普艺术图案来设计服装，他的实验为其他设计师开辟了丰富的创新思路。从20世纪60年代一直到今天，安迪·沃霍尔这个横跨艺术、电影与时装的怪才，一直都对时装界产生着重要影响，他创作的那些波普艺术的丝网印刷画在现代设计中依然流行。

波普艺术以一种乐观的态度对待流行时代与信息时代的文化，并通过服装等现实媒介拉近了艺术与公众的距离。在波普图案设计中，服装设计师引用一种或几种人物或物体作为画面的基本元素，多次重复后，将它们排列组合。在色彩方面，大胆运用对比色（图3-34）。

图3-34　波普图案

图3-35　工业主题图案

四、工业主题服饰图案设计

现代工业的几何图案具有较强的自律性和理性，是设计师反映机械化社会常用到的设计元素。律动的线条、规矩的点和面恰恰与当代简约风尚有很好的契合（图3-35），反映出现代商业化社会中人们所处的某种精神状态。

现代工业设计大大改变了图案的品质和面貌，使其呈现出全新的功能与风格。作为现代工业设计基础的构成设计也给服饰图案教学注入了新的活力。

五、绘画主题服饰图案设计

绘画主题服饰图案设计，也属于针对性服饰图案设计。围绕绘画主题进行服饰图案创作的设计方法由来已久。时装设计师不断从绘画艺术中汲取营养和创作灵感，现代印染技术的发展也给设计师提供了丰富的表现手法，使服饰图案设计师的创作更为自由。因为有了数码印花技术，古典名画可在瞬间呈现在服装上。受绘画的影响，服装及服饰图案设计呈现出明显的绘画风格。如活跃于第一次世界大战之前的法国高级时装设计师保罗·普瓦雷（Poiret，Paul），受法国野兽派代表画家亨利·马蒂斯（Henri Matisse）的影响很深，因此有"时装界的野兽派"之称。自20世纪60年代开始，西方现代绘画题材被更加广泛地运用在服饰图案设计上。

在众多服装设计师中，最早运用这一思路进行创作的当首推伊夫·圣·洛朗（Saint Laurent，Yves）。1966年，他借鉴了荷兰冷抽象画家皮埃·蒙德里安（Mondrian，Piet）的《红、黄、蓝三色构图》绘画作品的创作思路，以直线和矩形色块作为基本元素进行服饰图案设计，展示了伊夫·圣·洛朗服装艺术的独特风格，产生了很大影响（图3-36）。之后，他又推出了"波普艺术系列"，使时装设计与当时的绘画潮流保持了同步。时尚杂志*VOGUE*曾评论说："圣·洛朗的秋装包含了一点儿笑料和一些波普艺术的精神"。1979年，伊夫·圣·洛朗发表了"毕加索云纹晚礼服"作品（图3-37），在裙腰以下大胆运用绿、黄、蓝、紫、黑等强对比色，在大红背景上进行镶纳，构成多变的涡形云纹。20世纪80年代末，著名印象派画家凡·高的《鸢尾》和油画《向日葵》在拍卖中连创高价，轰动一时。圣·洛朗又不失时机地将这两幅名画巧妙地移植到自己的时装作品之中，把闪烁着各种颜色的珠片密密匝匝缝缀在两件晚礼服上，充分表现出原作的神韵。又如，美国服装设计师维塔蒂尼（Vittadini），将毕加索的绘画应用于针织服装的图案设计中，金属色、灰色、棕色的不规

伊夫·圣·洛朗将《红、黄、蓝三色构图》运用在服装上

图3-36　冷抽象绘画与服饰图案设计

图3-37　毕加索云纹晚礼服

则色块,使穿着者显得洒脱、富有男士气概。米罗(Miro)是西班牙著名的超现实主义画家,他的作品色彩鲜艳明快,充满了童真童趣。维塔蒂尼把他的绘画风格移植到秋季大衣的设计中,使庄重雍容的大衣散发出浪漫的气息。克里斯汀·拉克鲁瓦(Christian Lacroix)从西班牙画家苏巴朗(Zurbaran)和委拉斯凯兹(Velasquez)的作品中受到启发,在自己的时装作品中再现了苏巴朗的《葡萄牙的圣伊丽莎白》那幅画中的繁缛线条。有"时装界的金童子"之誉的意大利著名时装设计师瓦伦蒂诺(Valentino),也曾从朱塞佩·卡波格罗西(Giuseppe Capogrossi)的《台泊河的洪水》中借鉴了棕色和蓝色色调,出神入化地融合到他的男装设计中。瓦伦蒂诺还从维也纳分离派画家约瑟夫·霍夫曼(Josrf Hoffmann)和莫瑟(K. Moser)那里借鉴了黑白几何图案,并把这些图案用在礼服设计中。

第五节 服饰图案设计的灵感来源

传统图案是设计师的艺术创造之源,只有把设计深深根植于传统文化的土壤,服饰图案设计才能根深叶茂。东方图案规整,飘逸含蓄、内敛统一;西方图案则自然奔放、灵动洒脱。服饰图案设计是对传统文化的继承,更是对传统文化的创新和发展。只有不断创新,使传统服饰元素具有时代特征,符合现代人生活方式和审美品位,才适合现代服装设计。继承传统文化强调的是精神上的继承,形式上的发展创新,无论是东方文化,还是西方文化,只有把传统文化的精髓与现代感觉结合起来,形成的服饰风格才具有时代的普遍意义。

一、中国传统图案

作为东方文化的集大成者,我国传统图案有着悠久的历史,在岩画、器型、雕刻、编织、刺绣、剪纸、绘画、建筑等方面,呈现着各种各样的风格。无论在运用图案语言方面,还是在表情达意、寓意方面,它们或含蓄练达,或奔放强烈,或单纯凝重,无一不是人类自身生命活力的转移。

我国古代社会特定的政治、经济结构形成的民族心理、哲学观念、审美意识,加上特定的地理气候条件形成的民族生活习俗等,对于图案风格的形成,产生了巨大的影响。尽管早期的工艺产品随着社会的发展、生产的进步,被历史所淘汰,但是先人所使用的图案纹样却被保存下来,并不断移植、应用到新的产品上去。像藏族、苗族、壮族等少数民族的服饰和生活用品虽历经变迁,然而其上的图案纹样却依然沿袭了传统图案纹样的造型。正是这种一脉相承的传统文化,使得服饰图案具有了特定的审美观念和语言表现风格,构成中国传统图案的美学特征。

中国传统图案的审美价值在于通过纹样形式显示一定的宗教的、伦理的观念或带有一定的吉祥寓意。中国传统图案将内涵意义与表现形式融为一体,成为一种有意味的形式。

图3-38　彩陶"舞蹈盆"上的带状纹

如在长期演变过程中，图案中的吉祥意念不断与表现形式相融合，逐渐形成了各民族不同的而又极富圆满、喜庆、绵延等吉祥意义的图案形式。又如藏族的花卉装饰图案、动物装饰图案、自然景物图案、字形装饰图案、几何装饰图案及"八吉祥徽"、"汉八仙"、"国珍七宝"、"吉祥四瑞"等主题图案，内容丰富，寓意深厚。总之，既注重图案的社会功利性，又注重图案的审美愉悦性；既注重图案的形式美，又注重情感意念的传达，使内涵意义与表现形式达到完美和谐的统一，这是中国传统图案的审美特征。

图3-39　类似彩陶纹样的服饰图案

（一）彩陶图案

彩陶图案以单独纹样为主，整体气氛轻松活泼，纹样以写实为主，但也存在着向几何纹样过渡的半抽象纹样。如人面鱼纹较为写实，但半坡鱼纹彩陶中，许多鱼纹已基本上演化成几何形。又如河南陕县的庙底沟彩陶纹样以花卉为主，主要是玫瑰和菊花两种花卉，略加变形，抽象绘出花卉的特点，强调绘制定位点，这种纹样已从单独纹样演变成二方连续，色彩种类也有所增加。

彩陶图案的题材极为丰富，有几何纹样、植物纹样、人面纹、鱼纹、蛙纹、鸟纹等，由原始人从渔猎和农业劳动中取得素材，或由对太阳、月亮、水、火、山石等自然形象和劳动工具进行观察、接触、认识而创作出来（图3-38）。彩陶图案在服饰图案设计中的应用也很广（图3-39）。

（二）青铜器图案

青铜器图案纹样的题材主要有饕餮纹、夔纹、鸟纹、几何纹等。

饕餮是传说中的吃人怪兽。饕餮纹取材于"百物"，即包括虫、鱼、鸟、兽的部分形体特征，据说是牛的头、羊的角、鸟的羽和足、蛇的身等，是用分解组合的手法组织起来的图案。图案既注重写实，又强调变化，强调宾主关系，如角、口、目是流露情感的主要器官，在图案中不仅把它们放在重要位置上，而且放大比例，让一双瞪着的大眼睛，显露出虎视眈眈的威力。饕餮纹表现精巧，结构严谨，外貌凶猛庄严，境界神秘，达到了图案内容与形式上的统一，在当时是很杰出的艺术表现，也是当时的装饰主题（图3-40）。夔纹是近似于龙纹的怪兽纹，常用来组织成饕餮纹，或作为饕餮纹的附饰纹样。

图3-40　饕餮纹

青铜纹样的组织结构有主体装饰、分区构图以及二方连续等。主体装饰用饕餮纹、夔纹蟠螭纹或凤鸟纹、象纹、鱼纹等作为主体，用云雷纹、线纹、鳞纹等几何纹样作为底纹，通过主纹与底纹面积大小及线条粗细的对比，衬托突出装饰主体。

青铜器图案是图案历史中几何意趣发展到最高阶段的产物，无论是饕餮纹、鸟纹或象纹等，都是在高度几何化的规范内进行变化，构图严谨，用抽象和象征的手法表现物象。到了战国时期，才开始向写实过渡。青铜器图案的艺术风格不像彩陶图案那样生动活泼，那些变异的形象，如饕餮纹、夔纹、鸟纹、蟠螭纹（图3-41）等，庄严、神秘，加上雄健的线条，恰到好处地表现了奴隶社会那种原始的、还不能用概念语言来表达的宗教情感，一种狰狞的、拙朴的美。

图3-41　蟠螭纹和印有蟠螭纹的T恤

（三）秦汉瓦当图案

瓦当是中国古典建筑中屋檐顶端的盖头瓦，起庇护屋檐及装饰作用，以秦汉时期的瓦当图案最为精美，且种类繁多。瓦当图案以动物、植物、文字符号和几何纹为多，取材多与吉祥、辟邪有关，图案造型简洁单纯、生动自然，构图为适合形，布局在圆形或半圆形瓦当内。比较典型的有四神纹、鹿纹及文字瓦当。

1.四神纹（图3-42）

四神是指青龙、白虎、朱雀、玄武。青龙头有双角，颚下有髯，细颈短足，满身鳞甲，长尾翘起，双翼上扬，步伐矫健如飞。白虎体态雄健，巨口大张，引颈翘尾做奔驰状。朱雀为鸟形，其状为凤头、鹰喙、鸾颈、鱼尾，头上有冠，羽毛散张，振翅欲飞。玄武纹为一龟一蛇，龟匍匐爬行，蛇蜷曲盘绕于龟体之上。四神纹代表东南西北四个方位及青白红黑四种颜色。

2.鹿纹（图3-43）

鹿的体态丰满，比例协调，准确描绘出鹿的奔驰与卧伏状态。

图3-42　四神纹

图3-43　秦汉瓦当图案中的鹿纹

3.文字瓦当（图3-44）

它是用文字在图形范围内组成的图案。文字内容有标明地名或建筑物内容、用途的，如"长乐"即长乐宫，"未央"即未央宫，"关"用于关口门户。还有表示吉祥的，如万寿无疆，延年益寿等。文字图案以线构成，疏密有致，促长行短，体现了韵律之美。

（四）植物花鸟纹样

植物花鸟纹样是自古至今使用最为广泛的纹样形式，从远古的图腾到现在的几何纹样，很多都是由大自然中的植物花鸟演变而来。传统植物花鸟纹样的形式主要有以下几种。

1.联珠纹（图3-45）

联珠纹是波斯萨珊朝的纹样形式，最初以圆形串珠为骨架，内部填充立鸟、对兽等，后来逐渐发展成以卷草纹代替圆圈，圈内填充中国人喜爱的鸾凤、游龙、骆驼、羊、马等动物，最后联珠完全消退，只留下对鸟、对兽等与花树结合。联珠纹展现出东方的田园风貌，成为隋唐时期图案纹样的主要构成形式之一。

2.唐草纹（图3-46）

唐草纹原是古希腊时期形成的一种卷草纹样，唐时与中国的流云纹相结合，以宝相花和莲花为主体，以蓟科和毛茛科植物的卷叶取代了忍冬，形成了完全民族化的卷草形式，以后的西方就把这种卷草形式的边饰叫做唐草纹。唐草纹是把植物的枝茎按照波状线连续，并在每个凹谷处以逆向弧线相结合所形成的图案。它可以由一两种植物花纹组成，也可以用多种动植物花纹进行组合，形成富丽堂皇的效果。

图3-44 文字瓦当

图3-45 联珠纹

图3-46 唐草纹

3.宝相花（图3-47）

宝相花是与唐草纹同时诞生的、具有佛教象征性的花卉纹样，由莲花演变而来。唐时装饰风格日趋华丽、丰满，而早期的写实莲花纹就显得过于简朴和拘泥，于是在变体莲花的基础上，出现了以牡丹为母体的宝相花。宝相花在严格的格律体中，以多层结构代替了独花结构，花瓣层层交错，如意云头般的造型以及花中套花的添加手法，加上多层次叠晕法的配色，使这一形象丰满而又富丽堂皇。宝相花和唐草纹已成为我国传统图案的模式，为历代人们所喜爱并沿用至今。

图3-47　宝相花

（五）民间剪纸图案

剪纸多以纸为原料，以剪刀为制作工具（也有以刻刀为制作工具的，称为刻纸，但不作为主流）。剪纸可分为阴刻、阳刻两种，类似刻金石中的阴阳文。从色彩上看，剪纸有单色和彩色之分。彩色剪纸中又有套色、衬色、点染、填色等不同形式。剪纸受材料和工具的影响，不像绘画那样，可以借助严谨的造型、准确的透视、丰富的色彩来表现多层次的复杂场面，而只能以单纯的构图、简练的造型、相互连接的线条、浓厚的装饰味来传达作品的构思，表现自身独具特点的艺术风格。因此，剪纸在造型上不求透视、解剖、比例的准确，而是刻意追求变形夸张。其构图以平面化的构图形式为主，用线条的粗细、疏密、形象的大小来表现虚实、空间关系。其造型特征遵从创作者的主观意念，用多样组合的方法来表达创作者的美好愿望。如"鹿鹤同春"（图3-48）、"剪子葫芦"（图3-49）等。同时也像刻金石那样，剪纸可以充分发挥工具材料的特点，形成作品独特的"刀味"和"剪味"（图3-50）。利用剪纸纹样进行服饰图案设计，可以使服饰具有强烈的民族特色（图3-51）。

（六）蓝印花布图案

图3-48　剪纸"鹿鹤同春"

蓝印花布也叫药斑布，是利用民间手工印花工艺

图3-49 "剪子葫芦"

图3-50 民间剪纸

图3-51 剪纸图案

制作而成的。它以棉布为材料，以灰浆为防染剂。制作时，先把设计好的图案刻成镂空花版，花版一般采用油纸。再将刻好的花版铺在白棉布上，刮上用石灰、豆粉和水调制成的防染涂料。待涂料干后，在蓝靛中浸染，然后刮去防染涂料，就成为蓝白花纹的蓝印花布了。蓝印花布有蓝底白花和白底蓝花两种形式。

蓝印花布有通用花布和专用花布两大类型。通用花布又叫匹布，多采用四方连续的形式，一般采用大型花和中小型花的图案造型和组织，适用于制作服装、被面、门帘。专用花布是按照特定用途进行图案设计的，如围裙、兜肚、枕头、褥面、门帘等。

蓝印花布因受工艺和材料的限制而形成了独具特色的风格，如鲜明的蓝、白对比，色调清新明朗，节奏明快。由于花版的原因，蓝印花布是用不同大小的圆点和线来刻画形象的，这些有规律变化的点、线，给简练概括的剪影式的图案外形赋予了丰富的表现内涵。正是这些剪影式造型与圆点短线的巧妙结合，构成了蓝印花布独特的装饰效果和节奏感。

蓝印花布的题材丰富，植物题材有牡丹、梅花、荷花、石榴、桃子、佛手等；动物题材有龙、凤、虎、鸳鸯、蟾蜍、麒麟（图3-52）等；几何纹样有猫蹄花、鱼眼纹、方胜纹、回纹等；吉祥纹样有福（图3-53）、寿、喜等字纹以及花瓶、果篮、古钱、扇子、长命锁等器物纹。这些题材来自民间，采用谐音（图3-54）、寓意（图3-55）、象征等表现手法，表达了人们对美好生活的向往和追求。

图3-52 童兜"麒麟送子"

图3-53 蓝印花枕巾"福在眼前"

图3-54 蓝印花布"金玉满堂"

图3-55 蓝印花布"连年有余"

二、西方图案

图案是一种特殊的语言，是原始人、古代人与现代人相通的图形语言，也是人类相通的程式化的视觉语言。不同地区和不同民族的图案有不同的构成方式和习惯，于是这种语言就有了民族和地方特色，形成明显的风格差异。

（一）古埃及图案

古埃及图案的题材多是象形文字、人物、植物（主要是莲花和纸草）以及几何纹样。

早在公元前3100多年，古埃及就有了象形文字。在古埃及人的心目中，象形文字是神的语言。象形文字通常是指用一定的图形表示一定的事物或概念。象形文字的图形可分为三类：①有的呈图案状，有的相当写实，多用于神庙、壁画等处，表示敬重，并和彩色的整体画面协调统一（图3-56）；②影型图案，用写实手法勾画出物象的主要特征，容易识别（图3-57）；③线型，用线条勾画出图形和符号，竖式排列，呈现出抽象的形式美。象形文字是古埃及最具个性的图案（图3-58）。

图3-56　图画象形文字

图3-57　影型图案象形文字

图3-58　古埃及线型象形文字

人物图案也是古埃及图案的一大特色。无论是墓壁画、寺庙壁画，还是浮雕画，其中的人物造型都严守着固定的程式：即人的上身为正面双肩，臀部和腿部均为侧面，头部为

图3-59 人物图案

正侧。当视点发生变化时，可将不同视点的视觉形态依相同的格式组合起来，形成不同的人物造型（图3-59）。古埃及的众神形象也是按照这一图案样式进行设计的，只是众神像多是动物的头部、人的身体（图3-60）。

（二）古希腊图案

古希腊是欧洲的文明古国，古希腊的艺术成就主要体现在建筑、雕塑和陶器等方面。古希腊人在陶器上绘制的希腊瓶画，将器形、图案及装饰画融为一体，成为古希腊图案的一大特色（图3-61）。

古希腊瓶画的题材多取材于神话故事，如《欧罗巴被劫》；有的取材于实际生活场面，如《欢庆酒神节》《帝王税收图》等（图3-62）。在几何纹时期，古希腊瓶画中的人物和动物形象全部以几何形或近似几何形出现，并和其他几何纹协调、融合。瓶画图案为适形造型，图、地的虚实空间运用得很巧妙，影形以较大的黑色块面与点状或线状几何纹形成对比。

此外，古希腊画家用简练概括的人体结构线准确勾勒出人物形象，同时用成组的平行线处理人物的衣纹、鸟的羽毛等，形成非常优美、和谐的对比。

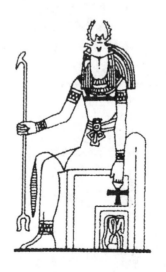

图3-60 古埃及的众神图

（三）波斯图案

古代波斯是历史上著名的文明古国，地理位置相当于现在的伊朗。萨珊王朝统治时期的波斯版图，包括今天的伊朗、阿富汗、伊拉克以及亚美尼亚和格鲁吉亚的大部分。古代

图3-61　陶器

图3-62　瓶画《帝王税收图》

波斯处于东西方交通的要道，内外贸易繁荣，技术先进，手工业发达，创造了大量精美的图案，对东西方文化产生了深远的影响。

　　波斯图案的内容广泛，有人物、动物、植物、几何形等。人物、动物和植物的造型生动、自然，静中有动，显示着独特的灵活性（图3-63）。波斯图案精细、丰满、华丽，追求形态的完整、圆满。

　　波斯图案最具特点的构成形式是对称和联珠纹（图3-64）。以联珠式组成边圈的圆形纹样，在圆形中分别配置各种动物，多数是成对组成，如对马、对羊、对鸟等，这是波斯萨珊王朝最常见的图案纹样形式，尤其是长着翅膀的天马以及在马、鸟的颈部缠以绶带或是在立鸟口中衔有一串项链形物的形象，被视为典型的萨珊式纹样。我国隋唐时代的锦缎图案也受到了这种风格的影响。

图3-63　自然主题的波斯图案

图3-64　对称造型的波斯图案

（四）文艺复兴时期的图案

　　文艺复兴时期的图案具有古典艺术的理性、匀称、典雅和静逸，又具有开朗轻松的时代特色和市民特征。受人文主义思想的影响，这一时期的图案呈现出明显的人文色彩，可分为三大类：崇尚自然，描绘自然的卷叶、花枝、鸟兽动物甚至流水；描绘人们的生活以及乐器、乐谱乃至盔甲；描绘神话中的人物、爱神等。

文艺复兴时期的图案以向心、放射、对称、回旋为基本构成形式（图3-65、图3-66），垂直线与水平线则隐藏在各种涡形线和具象形中，使图案在视觉上既生动活泼又趋于稳定。受绘画风格的影响，这一时期的图案创作突破了传统的表现手法，出现了运用透视法和明暗法创作的写实人物图案（图3-67）。

意大利建筑的装饰图案，有着准确的透视关系，但飞马的趋向线和涡形线是放射状的

图3-65　柱头装饰图案

图3-66　法国文艺复兴时期的装饰图案　　　　　图3-67　文艺复兴图案

（五）巴洛克图案

巴洛克（Baroque），意为"不合常规"。这种风格的图案强调激情，强调运动感和戏剧性，

广泛地采用曲线、弧线，构图复杂多变，给人以豪华感。如图 3-68 所示，图案骨骼是对称关系，大弧度的有张力的曲线，左右上下的自由构成，使图案充满着强壮的激情。中心部位有交叉的直线，与群体的运动的曲线形成了动与静的对比，产生特有的视觉效果。在色彩运用上，常在灿烂辉煌的颜色之中，用金色和白色来做缓冲，使其在繁复的画面中趋于宁静。

图3-68　典型的巴洛克图案

（六）罗可可图案

罗可可（Rococo，又名洛可可）的原意是"贝壳装饰"，是 18 世纪路易十五时期流行于法国、德国和奥地利等国的一种艺术风格。

罗可可图案样式变幻多、纤巧、精美、轻快，但缺乏庄重感。多采用弧度短小的弯曲线条和圆润的转折，排斥水平线、垂直线和直角，有着女性化的柔和造型（图 3-69）。

图3-69　罗可可图案

图3-70 千鸟格

（七）其他经典服饰图案

1.犬牙格与千鸟格

犬牙格又称哈温多孜司（Houndtooth），面料一般用四深四浅的色纱交织，具有格子效果（图3-70）。千鸟格又称鸟眼格，较犬牙格细密，用多臂织机织成，形成鸟眼或钻石般的几何图形。如今，犬牙格与千鸟格也直接用于面料印染纹样与针织衣物的编织纹样。

2.佩斯利纹（Paisley Pattern）

佩斯利纹是一种状如草履虫或水滴的图案，原为印度克什米尔地区使用的开司米羊毛披肩上的花样，图案设计多来自菩提树叶或芒果树。18世纪初，此花样被引进苏格兰的佩斯利市，由此推广至全世界（图3-71）。

3.苏格兰花格

苏格兰花格原是苏格兰高地人所织的独特的家族格子花样，是作为家徽传世的。苏格兰花格有一百多种式样，常用于棉绒等厚质地的织物（图3-72）。

4.阿罗哈

阿罗哈是夏威夷衬衫的特色纹样。夏威夷衬衫是以夏威夷为中心的波利尼西亚群岛民族服装的一种。阿罗哈图案以热带植物居多，颜色使用上从多色到单一色应有尽有（图3-73）。

5.利伯蒂印花

利伯蒂源于1875年利伯蒂（Arthur Lazenby Liberty）在伦敦开设的商店。受东方进口丝绸的影响，利伯蒂通过印染技术进行纺织品的染色实验，创办了自己的生产车间，生产具有东方装饰风格的印花织物。这种由利伯蒂制造的印花或模仿其

图3-71 佩斯利纹

印花特点而创造的小花图案称为利伯蒂印花（图3-74）。从19世纪末至20世纪初，此花样风靡了整个欧洲，成为世纪性的艺术服饰图案。

6.考津纹样

考津纹样是加拿大温哥华岛考津湖旁边的印第安原住民所使用的毛衣纹样，各家族世代相传。以雪花、动物等为主要图案纹样（图3-75）。

图3-72　苏格兰花格

图3-73　阿罗哈

图3-74　利伯蒂印花

图3-75　考津纹样

7.日耳曼纹样

日耳曼纹样源自北欧斯堪的那维亚地区的渔夫毛衣，通常在肩部至胸部有雪花或棕树等图案。

8.阿盖尔纹样

阿盖尔纹样源于苏格兰阿盖尔人手工编织的一种粗线毛衣纹样，一般为V领毛衣。

9.毛毯纹样

毛毯纹样发源于印第安人所穿的御寒用的套头式大衣纹样（图3-76）。

图3-76　毛毯纹样

学生作品赏析

学生作品一：针对款式的服饰图案系列化设计

作者：褚敏

作者：王俊超

　　作品点评：以上两幅学生作品是针对款式的服饰图案系列化设计，根据服装风格进行每个花样的设计，花样之间相互联系，保持了统一而有变化的整体感，使作品风格鲜明，增强了系列感。

　　学生作品二：针对面料的服饰图案系列化设计

作者：毕健祥

作者：朱智慧

　　作品点评：以上两幅学生作品是针对面料的服饰图案系列化设计，合理地利用面料，使面料图案转换为服饰图案，更好地为设计服务，让面料图案与款式设计更好地融合，体现了设计师的设计思想，表达出服装风格是设计师的一项重要任务。

　　学生作品三：自然主题在服饰图案中的运用

作者：梁雅洁

作者：尹芊月

作者：尤心彦　　　　　　　　　　　　　　作者：洪慕寒

作者：王露萍

　　作品点评：以上几幅作品均是自然主题图案在服饰图案中的运用，花卉、动物、树木枝叶、云朵、鸟羽……都是自然界赋予我们的图案宝库，可以很好地诠释服饰风格，传达对自然的热爱，有效地表达设计主题。

学生作品四：抽象几何形主题图案在服饰设计中的运用

作者：肖创　　　　　　　　　　　　　　作者：谭雪

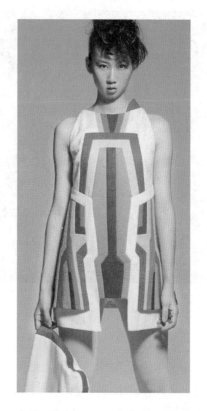

作者：高尊　　　　　　　　　　　　　　作者：吕雪玉

作品点评：这几件服装设计作品，面料采用抽象几何形主题图案形式，符合作品造型设计，富有现代感、前卫感，抽象的几何图案，使面料的空间感增强，具有较强的视觉冲击效果，形象突出。

学生作品五：抽象几何形主题图案服饰效果图设计

作者：王露萍

作品点评：以上设计作品中，抽象几何形主题图案的设计符合款式年轻、有朝气的风格特点，简单大方，富有现代气息。

应用理论与训练——

服饰图案的表现

课题内容： 服饰图案的造型方法

服饰图案的表现技法

服饰图案的表现手段

服饰图案的纹理

上课时数： 12课时

训练目的： 掌握服饰图案的各种造型方法，掌握不同的表现技法，了解服饰图案不同的表现手段，认识服饰图案纹理及其作用

教学要求： 1. 能够运用服饰图案的各种造型手法进行图案设计

2. 能够掌握服饰图案的各种表现技法

3. 了解服饰图案不同的表现手段

4. 了解服饰图案中纹理的效果与作用

课前准备： 服饰图案绘图工具、搜集各种造型风格、表现技法的图案

第四章　服饰图案的表现

第一节　服饰图案的造型方法

设计观念的更新、设计手段的多元化和现代化，使服饰图案的内容与形式呈现出无比丰富的多样性与全新的风格。服饰图案的造型方法也呈现出灵活性和多样性。通常，服饰图案的造型方法有以下几种。

一、平面化

把形象平面化就是淡化透视关系，将复杂的结构、体积转化为平面处理，忽略客观的三维空间和事物自身的体积感。如图4-1所示，人物头像经平面化处理后，均匀排列在衣身正中，有统一感。但每个头像又不完全相同。具有细节变化形象的平面化可以是物象的某一最佳角度，也可以把物象的多个角度，包括内部结构，用平面展示出来。在处理上，要注意外轮廓的动态变化和内部分割的合理与美感。毕加索的作品以及汉代砖刻都运用了这一方法，它使形象更为完整，体现出一定的趣味性。

构图的平面化应注重形象的前后、主次、虚实关系，如用图形的叠压或高低错落的排列来表示前后主次关系。

图4-1　T恤图案

二、透叠

采用透叠的形式重合两个以上图像时，既可以保持形象自身的完整，还可以因重合和透叠产生新的图形，打破图形自身的单调。在具体运用这种方法时，要注意整体效果，不可重叠过多而产生零乱、破碎的现象，可采用一部分透叠，一部分不透叠的方法（图4-2）。

三、重复和连续

同一形象用倒置、穿插或连续重复的形式出现，可以加强视觉印象，并使形象更丰满，变化更丰富（图4-3）。重复和连续是服饰图案节奏美形成的主要方式之一。在服饰图案设计中，将纹样以相同或相似的序列重复交替排列，使各空间要素之间具有单纯、明确、秩序井然的关系，可使人产生匀速有规律的动感。

将猴子的轮廓线进行透叠，利用轮廓线深浅粗细的变化来表现远近虚实的空间感

图4-2 透叠

用同一个图案进行重复叠加，产生有节奏的形式美

图4-3 重复

自然界中有许多事物，例如人工编织物、斑马纹等，由于有规律地重复出现，或者有秩序地变化，而给人以美感。在现实生活中，人类有意识地模仿和运用自然界中的天然纹理，创造出了很多有条理、重复和连续的美丽图案，例如皮革纹理、布匹纹理等。

四、制约造型

制约造型是指在图案造型中，某种物象的造型出于装饰的需要而受到外部形状的限制，即由各个界面围合而成一定的图案空间，导致图案的造型需在这一外形的制约下产生，以适应这种特定的外部形状（图4-4）。在图案设计中，这种构图方式也称为"适形造型"。

在黑色底纹的鸟廓型中添加白色图案，使整个鸟型图案丰富多彩

图4-4 制约造型

五、巧合图形

巧合图形，是指两种或两种以上的形态发生偶然性的相关联系而形成的特殊的趣味性

图形，它是图与地巧合而产生的造型。其形式有图与地的巧合，形与形的巧合（图4-5）。如三只耳朵形成三只兔子的共用形，既简练又富有趣味。图与地形成巧合，使造型的空间得以充分利用；画家达利的一幅著名摄影作品，就是利用人体巧合性的重叠而构造出全新的骷髅造型。又如利用人体背部和腿部的曲线，可使图与地形成双手与瓶的巧合造型。

图4-5　巧合图形

六、形态的渐变

　　一形象在变化的过程中逐渐向另一形象转化，如从自然的形象向装饰的形象转化，从写实的形象向写意的形象转化，这种转化称为形态的渐变。我国古代神话中人首蛇身的伏羲，丹麦安徒生笔下的美人鱼，古埃及的狮身人面像，都是一形象向另一形象转化的例子。在形象的变化过程中，过渡要自然，衔接处应巧妙融合。

七、组合

组合是民间美术中常采用的形式。这种形式超越了时空的限制，充满超自然的想象。如剪纸《榴开得子》（图4-6）中成熟裂开的石榴和盛开的石榴花的组合，传统纹样龙、凤、宝相花的组合等。

图4-6　榴开得子

第二节　服饰图案的表现技法

服饰图案外观的好坏，实用性的大小，以及印制的质量、效果如何，不仅与图案的题材内容、组织形式、色彩的合理运用等有直接的关系，还与图案的表现技法有着非常重要的联系。服饰图案的表现技法很多，不同的表现技法产生不同的画面效果。为了实现自己的创作意图，可以综合运用几种技法，或尝试创造一些新的技法。下面介绍几种常用的表现技法。

一、平涂法

平涂法是图案设计中最常用的表现技法之一，色块平整单一。平涂法有两种：一是勾线平涂，二是无线平涂。

（一）勾线平涂

勾线平涂是平涂与线结合的一种方法，即在色块的外围，用线进行勾勒、组织形象。勾线的工具多种多样，勾线的色彩亦可根据需要进行变化。勾线平涂易获得装饰性效果，平涂时可适当留飞白，营造一种光感。色块之上，还可以叠加点、线等装饰，增强图案的装饰性（图4-7）。

（二）无线平涂

无线平涂不利用线来组织形象，而是利用色

作者：Baopan　勾边缘线加强了服装的整体感

图4-7　勾线平涂

作者：陈淑　通过明度、色调体现服装的质感

图4-8　无线平涂

块之间的明度关系、色相关系及纯度关系产生一种整体的形象感（图4-8）。

填色时，先将颜料调和好，再力度均匀地平涂于事先限制的轮廓范围内。调色要注意混合均匀，还应注意颜色的稀稠程度，太稀画在纸面上会花，太稠干后画面不平整。行笔要顺势涂抹。纯色最好把颜色略脱一下胶，否则也容易画花。无线平涂适用于单一层面的平涂形象设计，不宜重叠。多种平涂形象并列时，应注意明度、色调的区别，以分出轮廓层次。

二、渲染法

渲染法和国画的分染法相似，是用较稀薄的颜料进行着色，并在颜色未干时，再在其上用另外一种颜色或同一色进行渲染，得到深浅不一、色相柔和渐变的效果。或者准备两支笔，一支笔画上颜色后，马上用另一支蘸有清水的笔把颜色晕开，使之均匀过渡，如不理想，干后再反复几次。用这种方法绘制的图案柔和、自然，呈半透明状，层次微妙，多用来表现柔和渐变的服饰图案。

三、点彩法

点彩法源自欧洲点彩派画家修拉、西涅克的绘画，它是把较纯的颜色用小圆点并列起来，通过视觉来完成色彩的调和的创作技法。这种方法色彩感觉强烈，呈现出缤纷多彩、变化丰富的斑斓景象。在进行服饰图案设计时，可以在白底上直接点彩，也可以平涂上一遍颜色后点彩。

四、勾线法

勾线法也是服饰图案设计的常用方法之一，可解决底色与画面反差太大的问题。把画面上画好的形象用金、银、黑、白或其他颜色的线分隔开来，能起到突出形象和调和色彩的作用。这种方法常常用在对比色或大色块的画面上，根据画面的需要选用流畅的、顿涩的、粗或细等不同形式的线条（图4-9）。

五、喷绘法

喷绘法是以喷笔为主要喷绘工具的绘制方法。用稍厚的纸刻出需要喷绘的形象的外轮廓，把画面其余部分遮住，留出需要喷绘的部分，然后用喷笔喷涂，每换一个颜色，都要重复上面的程序，直到完成。如没有喷笔，也可用牙刷代替，方法是将牙刷蘸上颜料，用手指或牙签轻刮牙刷毛，喷出的点子大小和蘸色多少同颜料的稀稠有关。喷涂法产生的画面效果柔和朦胧，质感细腻（图4-10）。

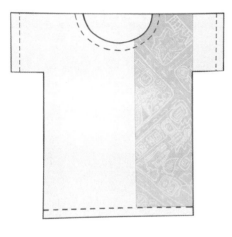

图4-9　勾线法

喷绘图案柔和朦胧，质感细腻

图4-10　喷绘法

六、油画棒、蜡笔或彩色铅笔描绘法

先用平涂法对装饰画进行着色，再用油画棒或蜡笔、彩铅在第一层色上作进一步的描绘，注意油画棒的用笔方向；或用刀片刮去多余的颜色，刮的方向要一致；还可以再在上面用水粉描绘，有油画棒或蜡笔的地方因未被遮盖而出现斑驳、粗犷的色彩肌理效果（图4-11、图4-12）。

七、点蘸法

点蘸法也是丰富图案层次和制作肌理的一种方法。在画面涂一层底色后，用海绵、纱布等粗质地易吸水的物品蘸上颜色在画面上点蘸。若为局部点蘸，可用纸剪出轮廓，遮住其他部分。这种方法产生的画面肌理效果厚重、古朴（图4-13）。

表现出粗犷、大气的画风，
画面有较强的肌理感

图4-11　油画棒法

图4-13　点蘸法

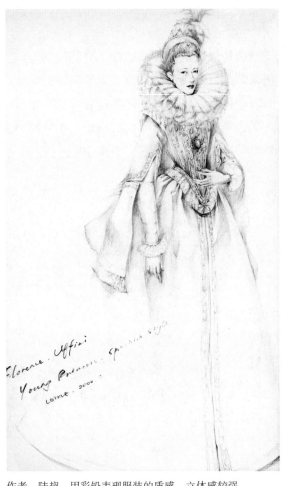

作者：陆鋆　用彩铅表现服装的质感，立体感较强

图4-12　彩铅绘法

第三节　服饰图案的表现手段

　　成功的服饰图案设计，应当是图案设计与表现手段的完美统一。表现手段能够赋予图案设计新颖的外观形式，图案设计为表现手段提供了具体的表现内容。服饰图案设计营造服装外观的显性功能，表现手段则增加图案的隐性功能，产生光感、手感、舒适感、悬垂感、破旧感、神秘感等织物风格。没有表现手段作支持，服饰图案设计就无法实现，适合的图案设计则可使表现手段增添色彩，两者在相辅相成中得以发展。

　　服饰图案的表现手段很多，常见的有印、染、绘、绣、织、缀、镂空、抽纱、拼、添、褶等。设计者需对各种基本的表现手段有全面的认识，并结合形式美法则，才能创作出完美的服饰图案作品。

一、印花

印花，指运用辊筒、圆网和丝网版等设备，将色浆或涂料直接印在面料或衣料上的一种图案制作方式。其表现力很强，是现代服饰图案设计中最为常见的表现手段之一（图4-14）。

在新石器时代，人类已经开始了原始的手绘花纹。印染机械化进程较慢，因此几千年来人类对材料的印染加工一直是小规模的手工印染形式，并且积累了丰富的技术经验。1785年，英国人T.贝尔成功研制出滚筒印花机，使印花生产达到连续化、快速化的新水平。目前，随着生产力与科学技术的飞速发展，除了筛网印花以外，热转移印花以及数码印花技术等陆续出现，大大提高了效率和印染质量，使印染成为服饰图案设计的主要表现手段之一。目前，国内常用的印花方式有直接印花、雕印印花、防印印花、渗透印花、涂料印花、转移印花、拔染印花、蜡染扎染手工印花、烂花、数码印花等。

图4-14 印花

从工具的使用上来看，有两种方式较为普遍，一种为辊筒和圆网彩印，另一种为丝网印。辊筒和圆网彩印适合表现色彩丰富、纹样细致、层次多变、循环而有规律性的连续图案，适合整体排版，进行大规模生产。由于辊筒和圆网彩印的传统图案以花卉较多，故其工艺手段俗称印花。丝网印适合表现纹样规整、色彩套数较少、用作局部装饰的单独图案。根据设计者的设计构思，可进行具有一定创造性、用于局部装饰的图案的印刷。

此外，常见的印花技术还有金银粘印花、发泡印花、起绒印花、喷色印花等。

二、染色

染色是人类较早掌握的材料加工工艺。在旧石器时代，中国的山顶洞人和欧洲的克罗马农人就已经开始使用矿物原料着色。据文献记载，我国古代染料多来源于植物，故从木；染料须加工成液体，故从水；染须反复进行，故从九。染的工艺很多，常见的有扎染、蜡染和夹染。

（一）扎染

扎染是我国自隋唐时就广为流传的一种印染方法，古代称之为绞缬。扎染以防染为基本原理，用针、线对织物进行扎、缝，然后放入调好的颜料中进行浸染或点染，凡

扎染图案变化丰富，层次鲜明

图4-15 扎染方巾

是用线扎过的地方，染料就染不上，而没有扎的地方则染上了所要的颜色。扎染可形成非常自然、晕色丰富的花纹和肌理（图4-15）。

受制作工艺的限制，复杂具象的图案不容易以扎染的形式表现，但扎染丰富的肌理和自然的晕色却是任何印染工艺都难以达到的。

（二）蜡染

蜡染是我国古老的传统印染方法之一，古代称蜡缬。最早盛行于隋唐时期，后因织造技术逐渐发达，蜡染工艺逐步流行于民间，成为具有代表性的民间工艺品种。

制作时先将蜡加热，以特制的铜片蜡刀蘸取蜡液，将蜡绘在白色布料上，起到防染作用，再在染料中浸染，最后把蜡除去，形成白地蓝花或蓝底白花。蜡染图案清新、素雅。由于浸染时间较长，蜡布会因冷缩折叠而产生天然的裂纹，称为"冰裂纹"。这种冰裂纹会使蜡染图案层次更加丰富、自然别致而具有独特的装饰效果（图4-16）。

民间蜡染的题材以花鸟鱼虫和几何纹样为主，几何纹样是运用得最多的纹样形式，即使采用了动植物纹样，也还需要很多的几何边饰和几何骨架来分隔或构图。运用最多的几何纹样是凹凸纹，此外还有螺旋纹、圆点纹、锯齿纹和菱形纹等。现代蜡染的题材更为广泛，并从单色向彩色发展。

（三）夹染

夹染也是一门古老的手工染色技艺，产生于唐代，是迄今发现的中国古代唯一可以进行批量生产的染色技术，适用于棉、麻纤维。夹染古称夹缬，是用两块或两块以上的花版，将

蜡染图案斑驳的肌理效果具有较强的民俗感，使服装的风格更强烈

图4-16 蜡染服装

被染的织物对折后在其中夹紧，再进行染色的一种方法。因被夹紧的部位染液不能上染，撤去花版后即形成花纹。夹染是一种利用花版防染显花的传统工艺，其中花版的制作很重要。

夹染题材多以花鸟或动植物纹样为主，制品花纹清晰、经久耐用，至今在部分地区仍有较为广泛的应用。

三、绣

绣，又称刺绣，是一种非常传统的图案表现手段，即在已经加工好的缝料上，以针引线，按照设计要求进行穿刺，由一根或一根以上的缝线采用自连、互连、交织而形成图案的手段或方法。据记载，从新石器时代遗留的织物痕迹中就已发现了简单的刺绣。中国古代服装具有平面、整体的特点，给刺绣装饰提供了极大的表现空间。据有关史料记载，公元前 22 世纪末至公元前 21 世纪初，帝舜曾命禹"滚绣衣裳"。春秋战国时期，出现用辫线在丝绸上手工绣制龙凤图案的工艺。北宋初年，江浙等地就出现了精致的双面绣。明清以来，我国刺绣得到了进一步发展，形成南北绣系，乃至闻名中外的苏、湘、蜀、粤四大名绣。

随着机器绣花、电脑绣花的产生，传统的刺绣得到了继承和发展。服饰图案上的刺绣，在传统意义上有了更大的拓展，其风格从精致豪华到随意质朴，适应着不同的审美趣味。在现代服饰图案设计中，刺绣多用于局部点缀。为了获得异于传统的新颖效果，设计师常常将其用在与传统丝绸或棉布风格迥异的底布上，如牛仔裤、厚实的呢子外衣、皮革服装上等。精致细腻的刺绣还能与现代感很强的服装形成视觉对比，产生强烈的外观装饰效果。

在服饰图案设计中，较为常见的有彩绣、包梗绣、贴布绣、抽纱绣、钉线绣、十字绣、绚带绣、戳纱绣等。

（一）彩绣

彩绣泛指以各种彩色纱线绣制图案的刺绣方法，具有绣面平服、线迹精细、色彩鲜明的特点，在服饰图案设计中多有应用。彩绣以线代笔，通过多种彩色绣线的重叠、并置、交错产生丰富的色彩和肌理效果（图 4-17）。

彩绣图案色彩丰富，层次分明

图4-17　彩绣织品

图4-18 贴布绣

（二）包梗绣

包梗绣的主要特点是先用较粗的线打底，或用棉花垫底，然后用平针在表面进行刺绣，花纹呈隆起状。包梗绣富有立体感，装饰性很强。

（三）贴布绣

贴布绣，也称补花绣，是一种将其他布料剪贴绣缝在服饰上的刺绣方法。其绣法是将贴花布按图案要求剪好，贴在绣面上，可在贴花布与绣面之间衬垫棉花等填充料，使图案隆起而有立体感，贴好后，再用各种针法锁边。贴布绣绣法简单，图案以块面为主（图4-18）。

（四）抽纱绣

抽纱绣是根据设计图案的部位，先在织物上抽去一定数量的经纱和纬纱，然后利用布面上留下的布丝，用绣线进行有规律的编绕扎结，编出透孔的纱眼，组合成各种图案纹样的刺绣方法。用抽纱绣能形成独特的网眼效果，其风格秀丽纤巧，装饰性强。

此外，还有钉线绣、十字绣、绚带绣、戳纱绣等。运用不同刺绣方法，可表现出丰富多样的图案风格。

四、绘

绘是指用画笔和染料直接在服装上进行图案创作的一种手法。绘不仅是传统的服饰设彩工艺，还是时尚青年喜爱的个性化服饰图案表现手段。《小尔雅·广训》曰："杂彩曰绘。"古代没有印刷技术，故多利用人工把图案直接绘制到服装上。中国古代帝王冕服上的图案就有绘的手法。需要指出的是，在中国古代，绣归为绘的一种，许慎《说文》

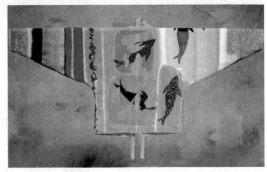

水墨画的效果充满了诗意，配上服装的款式，古典韵味十足

图4-19 手绘服饰图案

云："会，五采绣也。"（会为绘的通假字）。绘也是现代服饰图案创作的重要方法之一（图4-19）。由于不受印制工艺的限制，手绘具有极大的灵活性、随意性，可以鲜明地反映创作者个人的意趣和风格，在T恤图案设计中，运用得十分广泛。

绘的方式灵活，能够根据服饰图案设计的需要自由变化，具有较强的艺术感染力，又因其人为的灵活性给服装增添了许多机器印染难以达到的效果。运用不同的绘画风格进行创作的手绘服饰图案，表现出极强的艺术风格。国画风格高雅脱俗，版画风格具有很强的现代感，重彩画风格则有很强的民间艺术特征。由于手绘服饰图案对操作者的要求较高，故适宜单件或小批量生产，一般用于高级时装或者量身定做的服装。

五、织

织是指通过织物纱线本身的色彩及组织结构来构成图案的一种方式。人们利用各种软性线型材料，使用各种手工编织技法，或通过机器编织出具有特殊肌理的图案，强调结构和肌理的变化，具有粗与细、疏与密、长与短、凹与凸的节奏韵律，表现出很强的装饰性。就服饰图案设计而言，织可分为手工编织和机械编织两种。

（一）手工编织

从制作方法上来讲，手工编织是一种非常古老的技术，早在远古时期，人类就已经开始把树枝、藤条简单编织后披挂在身上。在欧美国家，编织被视为传统工艺。1919年，德国包豪斯（Bauhuas）将编织纳入学习课程，编织工艺正式进入学院教育，为纤维艺术设计的发展奠定了基础。

现代服装设计把手工编织作为一种材料再创造的方法，通过放大编织物的结构和肌理效果，使它有别于传统服饰图案，呈现出全新的视觉美感。如让－保罗·戈尔捷（Gaultier, Jear-Paul）2002年发布的一件完全用手工编织的红色礼服，将雪纺面料聚集成条形，从上到下进行编织，间隔逐渐放大，形成一件非常独特的编织服装。

将手工编织作为再创造的方式，不受机器的限制，一方面可以更广泛地使用材料，从纱线、毛线、缎带到皮绳、布条、管子等各种软性线状

图4-20 手工编织服饰图案

材料；另一方面，在编织的过程中，还可以根据需要故意使用脱线、露线头、抽线圈等手法，使编织的效果更加新颖丰富。不同纱线、不同肌理的织片组合而成的服饰图案，可产生强烈的视觉冲击效果（图4-20）。

（二）机械编织

机械编织是指利用机器来进行图案造型的方法。机织图案的特点及风格取决于织物纤维的材质、色彩以及组织结构。就材质而言，麻纤维质地硬朗，宜表现粗犷风格的图案；丝纤维质地细腻，宜表现柔美风格的图案；棉纤维宜于表现质朴、随和风格的图案。就组织结构而言，平纹机织物受经纬交织的限制而易形成规律的几何图案，质朴而严谨；缎纹组织易产生丰富的光泽效果，形成的图案多具华美高贵的特征。

缂丝和妆花是我国传统的两种机织工艺，在表现图案上有着突出的优势。缂丝又称"刻丝"，它是采用"通经断纬"的织法，在面料上"雕刻"花纹图案的一种织造方式。运用缂丝技法织出来的图案精致华美，富于立体感。妆花则是采用重纬组织，在地纬上"绣"出图案，可表现花鸟虫鱼、亭台楼阁以及人物等复杂图案。

无论手工编织还是机械编织，织类图案的共同特征是：通过织物本身纱线的色彩及组织来表现图案。

六、缀

缀是一种用"立体"饰品来表现图案的方法。17~18 世纪，欧洲曾经流行在服装上缝缀宝石，营造金碧辉煌的气势。现代服装设计中，用金属线、珍珠、亮片、珠管、形态各异的天然或人工石头、羽毛进行缝缀，则多用于礼服和舞台表演服装的图案设计上，以产生闪亮绚丽的效果。

将立体缀饰物的一部分固定在服装上，使另一部分呈悬垂状态，这是常用的缀饰方法。

图4-21　缀工艺

饰品有织物类的，也有非织物类的。与其他服饰图案不同，缀式图案具有动感和空间感，它会随穿着者的运动而产生丰富的动感变化，呈现出或飘逸、或灵动的审美效果（图 4-21）。常见的缀饰有：缨穗、流苏、花结、珠串、金银缀饰、挂饰等。

缀饰有自身的材质、色彩与肌理，使服饰图案具有丰富的视觉效果。常见缀式图案有以下几种：

1.与服装同质同色的缀式图案

与服装同质、同色的缀式图案能够与服装产生协调统一的美感。如在牛仔裙摆上装饰同质同色的流苏，既协调统一，又丰富了肌理，还可产生灵动、飘逸的效果。

2.与服装同色异质或同质异色的缀式图案

除了具备同质同色缀式图案的特征外，还使服装更富于变化（图 4-22）。

3.异质异色的缀式图案

异质异色的缀式图案与服装相互映衬和对比，可强化各自的特征，表现出耀眼、炫目的视觉效果（图4-23）。

根据服装的结构在特定部位缀上立体布花，可起到丰富服装层次的作用

衣服上钉上珠饰，丰富了服装的视觉效果

图4-22 缀布花　　　　　　　　图4-23 钉银泡

七、镂空

镂空是在完整的面料上，根据设计挖去部分面料，形成通透的效果，由镂空部分构成图案的表现手段。镂空是中国传统的图案造型方法和服装装饰工艺，也称"挖"，如挖"大云头"。目前，激光裁剪是比较常用的镂空方法，它能使图案边缘在镂空过程中热融，从而避免了镂空边缘的脱散。此外，还可以采用烧洞、镂空边缘拉毛、化学药品蚀刻等方法，制造出表面呈现灼伤镂空的图案效果。经纬纱交织或者线圈编织而成的服装面料，一般可采用锁边或打气眼的方式，将镂空边缘进行处理，避免镂空后图案脱散；针织服装则在编织过程中通过改变针法、针数来形成镂空图案；皮革和裘皮材料材质挺括，可以直接雕刻镂空。

镂空需要破坏现有的面料，使其具有无规律或不完整的表面特征。镂空图案的特征是由"虚"构成，本身没有色彩、材质，必须借助于其他材料的映衬，才能构成完整的服饰图案形象。

当镂空图案直接运用于人体表面时，会借助肌肤构成完整的图案，肌肤的色彩和质感与面料形成对比、互为映衬（图4-24）。当镂空图案运用于不同材质和色彩织物外面时，

图4-24　镂空图案

镂空图案与织物会形成具有特定外形、色彩和质感的新图案。镂空图案与其他类型图案的不同点在于，镂空图案有虚实、远近，更具层次感。由于镂空图案突出的视觉特征，较易成为视觉中心，往往被设计师运用于所强调的人体部位。

八、拼

拼的原意是指将零碎的东西组合在一起，服饰图案中的拼则是指把块面的织物或非织物剪成的图案形象以拼接或贴的方式运用到服装上的一种装饰技法。如僧侣的"百衲衣"，明代的"水田衣"，中国古代服装中领口、袖口和下摆边缘的拼接、镶滚，西方古代服饰中的花边、饰带装饰等，都是传统的拼接图案形式。拼接可使服饰图案具有较强的肌理感，给予设计师很大的表现空间，因此应用十分广泛。通常，拼接材料是几何形，如三角形、矩形、多边形等，容易缝制。但在某些时候，为了获得特殊的外观，也有将面料裁剪成特殊形状进行拼接的。"拼"适合于表现面积稍大，形象较为完整的简洁图案（图 4-25 ）。

1.常见的图案拼接方式

（1）同种面料拼接。这种拼接图案多使用素色面料，强调的是拼接线或贴的边缘线，突出线条的美感。

（2）同质异色面料拼接。质地统一，色彩根据风格可采用近似色、对比色等。

（3）同色异质面料拼接。可在质地、肌理上形成对比。

（4）异色异质面料拼接（图 4-26 ）。在面料质地和色泽上形成对比，这类拼接形象鲜明，但要把握好主色调，以免过于混乱。

从制作方法上讲，补花和镶也属于服饰图案表现手段中拼的范畴。补花，即将各种材料剪出所需图案，再对花片的经纬毛边进行拨花处理以增加牢固度，然后绣到底布上的一种刺绣方式。在现代服装中，常作单独装饰图案，此外还发展出一种新的应用方式，即只将补片的中心固定，周边随意张开，使之富有动感。镶，主要指把花边、织带和辫线等材料拼接缝合于衣领、门襟、袖口、下摆和开衩等部位，也可泛指不同颜色、花纹、质地衣料的拼接。

2.拼接服饰图案设计的缝合形式

（1）将毛缝藏在反面，在正面用花式针装饰；

图4-25　拼接背带裙

不同色彩、不同花型、不同材质的面料拼接，产生强烈的视觉效果

图4-26

（2）将毛缝全部露在正面，并且将毛边抽纱，来加强效果；

（3）将毛缝外露，但只在局部与底布固定，将底布故意露出来；

（4）将拼接的面料一层压一层缝合，形成层叠的效果。

九、添

　　添，主要指饰品、配件而言，包括手镯、戒指、项链、胸针、腰带、眼镜、包袋等。从广义上讲，饰品也是服饰图案不可或缺的构成部分，对服装的整体造型起着一定的呼应、衬托、强调、夸张等作用。因此，添也是服饰图案的表现技法之一。和缀式图案相同，添加图案也是立体的，不同之处在于缀饰是缝合于服装上的，而添加物品与服装分离。

　　添加物一般有多种搭配，在选择添加物时，要注重在色彩以及风格上与服装相得益彰。添得恰当，可与服装整体或呼应或对比，营造出丰富变化的视觉效果（图 4-27）。当添加物为首饰时，其风格主要受材质的影响，例如，珍珠饰品适合于表现典雅，

图4-27　添工艺

黄金饰品宜于体现高贵，而银饰品则适于表现质朴。

十、褶

褶裥是一种常用的服饰图案造型方法，它通过面料的变形起皱，使平面的材料变得立体。同时，由立体感带来的光影变化能产生浮雕般的肌理效果，并随人体的运动不断变化，与服装一贯采用的平面材料产生鲜明的视觉对比。

根据制作手法可以将褶裥分成压褶、捏褶、抽褶、缝褶四类。

（一）压褶

压褶最大的特点是压褶之后面料有很好的弹性，穿着时能贴合人体，但又丝毫不妨碍运动，在起到装饰作用的同时又具备了良好的功能性。

服装中的压褶图案如古代埃及的腰衣，文艺复兴时期的皱领以及中国少数民族的百褶裙（图4-28）等，都是天然材料如棉布或者亚麻布经压褶而形成的。因为天然纤维有自然回复性，褶裥不具有良好的保形性，更不易洗涤，所以直到化学纤维产生之前，压褶在服装中的应用都不是特别广泛。如今，可利用化学纤维的热塑性，将材料在极热的条件下压褶成形，然后冷却定型，使之保持永久的褶皱状态。

压褶可以通过手工或者专门的压褶机器完成。手工压褶的制作方法是将染色后的面料夹在两层厚纸之间，然后折叠成事先设计的图案，通过蒸汽熨烫定型。手工压褶变化丰富，但要耗费一定的时间；工业压褶速度较快，但变化相对少一些。如三宅一生的褶皱服装采用的多为工业压褶——服装首先被裁剪和缝合成超大的平面形式，然后被夹在两层纸中间，通过压褶机器压缩成正常的尺寸，再用工业"火炉"高温定型。压褶根据外观效果可以分为条形褶裥、菱形褶裥、花纹图案褶裥和不规则褶裥。通过改变褶裥的宽度、疏密可以创造出丰富的图案效果。

图4-28 瑶族手工百褶裙

（二）捏褶

捏褶是将面料上的点按一定规律联结起来，利用面料本身的张力使点与点之间的面料自然呈现起伏效果的图案造型方法。通过点的位置变化和联结方式的不同，能产生规则或随意的立体图案（图4-29）。20世纪初，服装设计师马德莱尼·维奥耐特（Madeleine Vionnet）就已经尝试将捏褶应用到服装中。

（三）抽褶

抽褶是用线、松紧带或者绳子将面料抽缩，产生自然、不规则的褶皱的图案造型方法。抽褶具有悠久的历史，维多利亚时期的女子服装就在领口和袖口抽褶，产生饱满蓬松的效果。单独的或者间隔宽的抽褶可以用在领口、袖口、下摆、上衣或裙子的侧缝处，产生松紧疏密的节奏变化。间隔较密的抽褶可以大面积地使用在服装中（图4-30）。

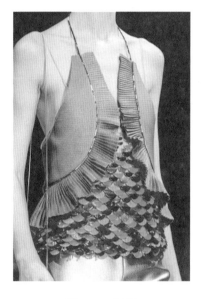

图4-29　压褶

单色面料抽褶，节奏感更强

图4-30　抽褶

（四）缝褶

缝褶是通过缝线来固定褶裥的一种图案造型方法，通常应用在服装的边缘，形成起伏的荷叶边，或者通过层层叠叠的堆积形成饱满的肌理（图4-31）。

第四节　服饰图案的纹理

服饰图案的纹理，是指图案在服装上所呈现出的线形纹路。它有着双重内容：一方面它模拟自然界，与自然紧密相连。此种模拟不是对自然现实的再现，而是对自然特征的模仿，是把模拟关系用另一种延续后再创造的关系表

缝褶更好地塑造了堆积的肌理效果

图4-31　缝褶

现出来，是超自然的表现。另一方面，纹理显示出独特审美特征的重复样式，是形式中的最高境界。它是建立在视觉感受的基础上，固定地把同一现象做重复处理或者使内容表达上的任何部分趋向于某种模式，以感知"和谐"为目的，达到艺术感染性。它强调多元化的审美认识，使审美现象更为丰富。

一、服饰图案设计中纹理的作用

自然界任何形象都有纹理、肌理、纹路、纹脉、纹饰、痕迹、痕印等现象，它是一种独立存在的效果。服饰图案纹理可以渲染和增强艺术表现氛围，赋予服饰图案多种面貌。

服饰图案的纹理是一种增强视觉识别的手法，是风格和流派的表现手段，它使人们在熟悉不同艺术风格和流派的过程中，寻找到它们之间所体现出的"陌生"感。同时，纹理也是创造者审美趣味的体现，它是可控制性的，如笔触的体现，能够解决作品所带来的乏味。服饰图案的纹理体现了艺术创造者的风格，是所属流派情感需要的自然流露。"风格具有图像与精神世界相互融合、凝聚的形象化特征。"因此它会增强表现上的视觉冲击力，使作品焕发出无穷魅力。

二、服饰图案纹理的类别

服饰图案纹理可分为自然纹理、技术纹理和艺术纹理三类。

（一）自然纹理

自然纹理是自然界的事物在构造上所呈现出的体表纹路。它是自然的艺术体现。如树木、岩石、山峦、水土等的表体，以及各种纹路集合所形成的纵横交错现象。体验自然纹理的视角是欣赏者多元化选择的审美结果，因此需对其归类，并对其特殊性加以选择应用，从而使自然纹理更富有魅力。自然纹理多注重局部的观赏，因而对自然整体风貌的关注会比对其局部的注目逊色（图4-32）。

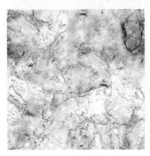

石质、木质

图4-32　自然纹理

（二）技术纹理

技术纹理是人通过材料、工具的应用和表达手段所创造出的纹迹，是利用技巧对自然的象征模拟而非机械的模仿，是纯粹形状和色彩的活动。它的方式是可以预计的，如编织的纹路、材料的涂层等（图4-33）。

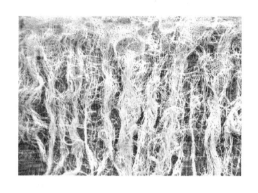

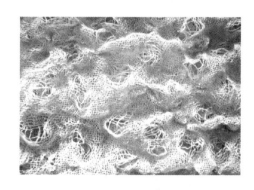

通过工艺技术上的加工处理，会产生不同的肌理效果

图4-33 技术纹理

（三）艺术纹理

艺术纹理是激情转化而产生的意象的展示。它是涂鸦艺术的高峰，受到观念和思潮的影响，是思想性和艺术性的代表。艺术纹理利用象征式内容去追求意蕴上的层次，它与表现意图融合，能够引导和激发创造者对内容的想象，增强表现内容，促进情节的发展（图4-34）。

艺术家通过对面料的处理来表达设计理念

图4-34 艺术纹理

学生作品赏析

学生作品一：服饰图案的表现技法

作者：王露萍

作品点评：用勾线法表现针织服装的图案及纹理效果，细致、富有表现力，加上彩铅淡彩，很好地表现针织服装与毛皮饰品的质感。

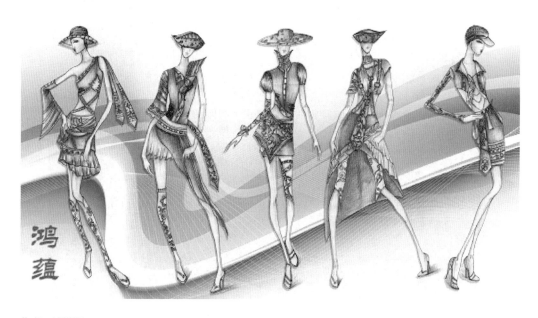

作者：褚祥颖

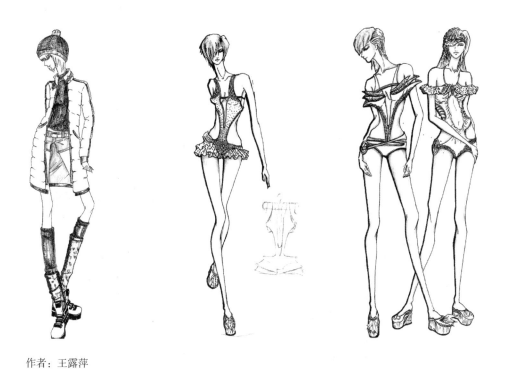

作者：王露萍

作品点评：用彩色铅笔技法表现服饰图案，使画面更细致，易于刻画细节，技巧容易掌握。

作者：刘笑溢

作品点评：淡彩勾线的表现技法既细致地刻画了图案纹样，又很好地体现了面料的质感，技法容易掌握，便于操作，是常见的服饰图案表现手段。

学生作品二：服饰图案的表现手段

作者：王丹枫

作者：王含

作者：史歌

作者：易凡雨

作品点评：手工编织、盘、缝、褶、绣、坠等多种服饰图案表现手段，丰富了图案的形式，使服饰作品更加美观丰富。

学生作品三：服饰图案的纹理

作者：周园园

作者：耿子婷

　　作品点评：用艺术再现的手法形成颇具艺术美感的服饰图案纹理，丰富了服装设计语言，具有较强的艺术气息，被广泛运用于服装艺术设计中。

应用理论与训练——

服饰图案的应用

课题内容： 图案在不同服装中的设计应用

服饰图案的装饰部位及装饰形式

服饰图案设计师的必备常识

上课时数： 14课时

训练目的： 能够把图案与各种服装形式进行合理的结合，使服装风格更加鲜明，能够将服饰图案合理地运用在服装的不同部位，彰显服装风格，认识到作为一名服饰图案设计师应该具备多方面的知识与素养

教学要求： 1. 能为不同形式的服装类型设计图案，彰显服装风格

2. 将图案合理的应用与不同的服装部位

3. 了解作为服饰图案设计师应具备的知识素养

课前准备： 搜集不同类型服装中服饰图案的运用，阅读人文、历史、宗教、民俗等各类书籍

第五章 服饰图案的应用

第一节　图案在不同服装中的设计应用

在商品竞争日益激烈的今天，不同品牌服装产品品质的差异不再只是绝对质量上的差异，服装的设计感已逐渐成为产品高附加值的主要决定因素，将图案设计与服饰设计相结合也已成为时装设计的一种普遍趋势。服饰图案可以提升服装产品的个性化外观，形成产品的差异化竞争优势，进而引导服装品牌消费，增强产品的竞争力。

服饰图案的设计不是孤立存在的，它不仅与市场需求、面料选择、采用品种、工艺条件密切联系，而且还要从其用途、特性、风格、功能等方面进行综合考虑。不同的服装类别因其穿用场合和功能各不相同，其装饰图案的设计风格和效果也应有所区别。

一、晚装图案设计

晚装（Evening Dress），亦称晚礼服，是出席晚会及鸡尾酒会等宴会时穿的礼服。男性穿无尾的小晚礼服或黑色套装，女性穿袒肩露背式晚礼服或半正式的鸡尾酒会装。

晚装一般分为两种：一种是传统晚装（图 5-1）。女装形式多为低胸或露背、露肩、露臂、

作者：张思聪

图5-1　浪漫风格的晚装

收腰、贴身式长裙。从心理学角度讲，这些较高级的场合所具有的人身安全性较高，因此其着装形式可以多采用开放式设计，强调女性的人体之美，暴露的部位也较多。传统的晚装往往装饰奢华，用大量刺绣、珠片、宝石等饰物营造绚丽夺目的视觉效果，表现穿着者的优雅、华丽与高贵气质。随着社会的发展，夜间的礼节性场合已不再限于社会上层名流及贵妇显达出席。特别是第二次工业浪潮以后，大批的年轻人要求充实自己的夜生活，他们一反过去那种宫廷式的晚装，在正式场合的着装更加随意，如以西装款式的上衣，搭配长裙或长裤。与传统晚装相比，现代晚装更加经济、实用，充满青春活力（图5-2）。

作者：张思聪

图5-2　略带俏皮色彩的现代晚装设计

从设计上看，晚装更注重个性与细节装饰。一般以立体裁剪、聚褶、排褶的手法完成整体造型，细节处以精美的刺绣、亮片、水钻等点缀，常由手工制作完成，多采用华丽、高雅的色彩（图5-3）；从材质上看，多选用上乘的高级面料，如富有光泽、柔滑、飘逸的丝绸，高贵、挺括的毛织物，富于性感的透明薄织物等；从饰物上看，比生活便装更为隆重、华贵，耳环、胸针、项链、发饰、长短手套、钉宝石的丝袜、披肩、腰带等是晚装常见的饰物。

晚装的图案选择，应以抽象图案或简单图案为主，所使用图案的面积大小视整体风格而定，但应避免图案喧宾夺主，减弱晚装对人体曲线的塑造。晚装中图案装饰部位的设计十分讲究，一般位于胸、肩、腰部位，以起到突出、醒目，引领视线的作用，即有意识地将观者的视线引向设计者所希望突出强调的地方（图5-4）。

晚装图案也可视场合需要进行有针对性的主题设计，如在露天场地举行的宴会，可选用亮片做成的星星、焰火图案；生日聚会中，图案可为点燃的蜡烛、数字等；慈善晚会上，饰有粉色心形图案的晚装正契合其爱心主题；烛光晚宴时，晚装上的玫瑰花图案与甜蜜的氛围相融……

作者：王银
丝绒面料以水晶镶嵌点缀，更显华丽高雅

图5-3　晚装的细节设计

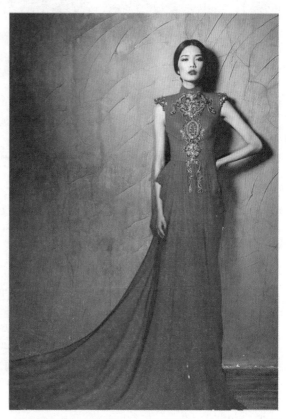

图案和装饰主要集中在胸部和颈部，突出着装者的姣好面孔

图5-4　晚装图案（服装设计师邓皓作品）

二、休闲装图案设计

休闲装（Leisure Wear），是人们在工作时间以外，如休息、度假、疗养时所穿着的服装。愉快地度假，已成为快生活节奏下的现代人所追求的状态，各种各样的休闲服饰也越来越受到人们的欢迎。

随着生活水平的不断提高，休闲装的品类也不断细分。根据穿用场合，休闲装可再分为度假服、观光旅行服、健身运动服等。这类服装通常以宽松、舒适、富有机能性为特征，面料一般选用全棉、毛麻、丝麻，并大量使用针织物，配以自然的鞋型、运动帽，给人以生机勃勃、自由简便的感觉。

穿着休闲装可使人心情舒畅、神经松弛，释放一天紧张工作后的疲劳，充分享受闲暇之趣，恢复和积蓄精力。由于休闲装穿用的场合一般比较自由，没有太多的限制，所以图案可以轻松、随便、幽默一些。休闲装的图案设计既可以是具体事物，如酒杯、树木、花朵、风景；可以是抽象图案，如充满乡村气息的条纹布和印花布等（图5-5）；也可以是代表某种观点的词句。此外，休闲装的图案通常较为醒目，使用面积可略大些，以便于远观（图5-6）。

图5-6 具有醒目图案的休闲装设计

作者：张洁

图5-5 具有乡村风格的休闲装设计

尽管休闲装对图案的选择比较自由，但也应当注意穿着者所在地区的风土人情和心理习惯，避免不恰当的服饰图案产生不必要的误会或错觉。如使用外文单词时，一定要谨慎选择，弄清字义，避免出现不文明的语言或有影射意思的语言，减少误解。

三、职业装图案设计

职业装（Uniform），是各种职业的工作服的总称。传统意义上的职业服装分为两大类：劳动保护服和制服。如建筑工人的安全帽、绝缘鞋、钢铁工人的石棉裤以及汽车装配工人、车床修理工的工装裤、袖套、围裙等都属于劳动保护服；交通民警、邮电、铁道、民航、军队、学生等的服装均属于制服。穿着职业服装的目的是为了创造良好的工作环境和学习气氛，增强职工和学生的责任心和自豪感，体现本部门的精神面貌，同时也给旁观者以醒目的感觉。

职业装图案设计，首先要研究本职业的性质、特点，再考虑该职业所活动的范围、着装者的职务和行业标志等。如餐饮业职业装设计，多采用有民族特色的图案，以能够体现、烘托出地方菜系的特点为宜（图5-7）。公共服务性行业职业装图案设计应符合国际规范，如民航制服，应以国际性图案语言为主，融入某些具有民族传统文化特色的象征性图案。

作者：张思聪

结合快餐业形象设计的快餐服务生服饰

图5-7　快餐店职业装

一些特殊行业的职业装图案设计一般会比较谨慎，如医疗行业，很少会有具体的图案出现。这种情况下可以将该职业装的行业标识和所在单位名称进行设计，使其成为该职业装的装饰图案。

四、运动装图案设计

运动装（Sports Wear），是从事各类体育活动时穿的服装，包括球类、田径、体操、武术、游泳、登山、滑雪、溜冰、自行车、摩托车、射击、赛艇、马术、摔跤、举重等体育运动和竞赛。运动服装的面料选择与图案设计会因体育项目的不同而显示出差异。游泳、跳水、体操等运动服装要求贴合身体、富有弹性，采用莱卡之类的聚氨基甲酸酯弹力纤维纱可以取得满意的效果。球类运动短裤一般采用平纹或缎纹尼龙织物作为面料。在滑雪衫、登山服之类保暖性能要求高的运动外衣中，最常用的保温材料是羽绒和中空涤纶。一般的运动外衣多选用尼龙、涤纶、腈纶织物，或者含有棉花、羊毛等成分的纺织品（图5-8）。运动装的色彩一般都是依据该项目的特点和环境来设计。比如举重运动员的服装需要表现力量，所以往往选用黑色、古铜、深红一类比较厚重的色彩。跳水、游泳、田径、滑雪、登山、武术等项目，则是以蓝天、碧水、白雪或场地的颜色为背景，利用色彩的对比来突出运动员健美的身姿。

作者：邹瑜

棉质面料设计的运动装，色彩简单直接，体现运动特质

图5-8　色彩简单的棉质运动衣

　　运动装的图案设计以简洁大方、明快醒目为主，以起到使人兴奋的视觉效果。通常避免太具象的图案出现，多以数字或某些抽象的几何形为主，其图案的使用面积较大，色彩对比强烈、夸张（图 5-9）。图案摆放的位置一般以胸部、臂部等明显部位为主。此外，有些时候，运动装的图案需与款式结构相结合（图 5-10）。

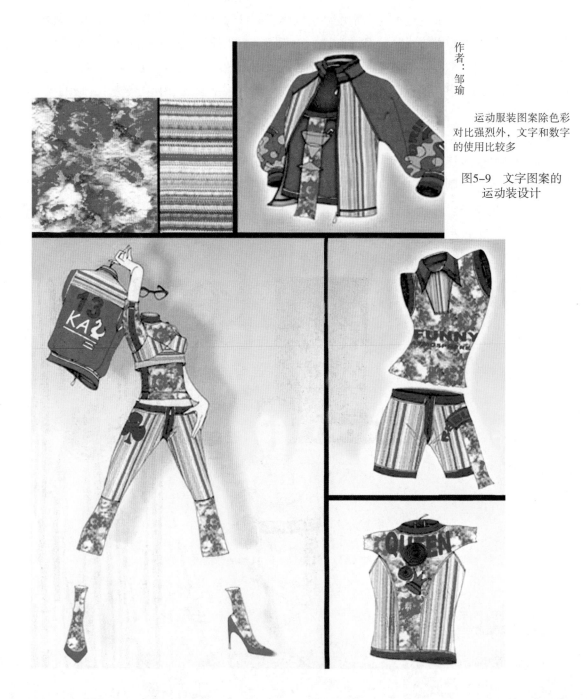

作者：邹瑜

　　运动服装图案除色彩对比强烈外，文字和数字的使用比较多

图5-9　文字图案的运动装设计

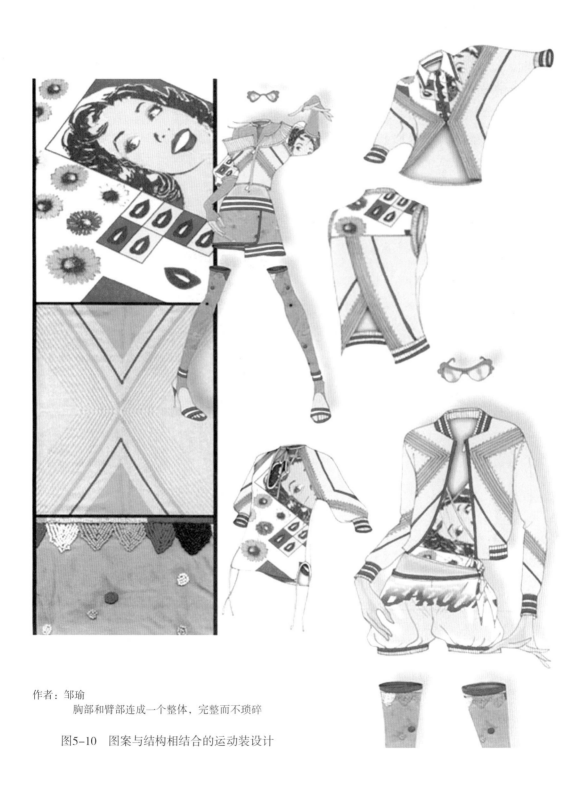

作者：邹瑜
　　胸部和臂部连成一个整体，完整而不琐碎

图5-10　图案与结构相结合的运动装设计

五、街装图案设计

街装（Street Wear），即逛街或临时聚会时穿的服装。它不像礼服那样正式，也和社交服装不同，而是一种具有典型时代感与反叛意识的服装，为年轻人所青睐（图5-11）。

街装的图案设计注重时尚创意，多采用反传统、反逻辑的构思和设计，力求表达和创造出新奇的视觉效果。如用非纺织类材料，将几个互不相关的图案形式组合起来，在矛盾中产生变奏，使图案变得更加丰富并富有意趣，以此表达特殊的含义和形象等。街装服饰图案的设计往往打破人们的视觉习惯，表现出"超现实"的面貌，随意性也很大，其源源不断的创新和尝试，为时装市场提供了丰富的流行素材（图5-12）。

作者：张洁

裸露的肩带显示出对传统的反叛，温馨的色彩又体现着少女的可爱，这种矛盾是街装的精髓所在

图5-11　街装风格

作者：张洁

色彩鲜艳、对比明显，是街装的一个显著特征

图5-12　创意街装

六、针织类服饰图案设计

针织服装（Knitting Wear），是按材料织造方式划分的服装类别之一，由棒针进行手工编织发展而来，是机械或手工编织服装之总称，可编织成型或用针织面料剪裁后缝合而成。

由于具有较大的收缩性，质地柔软且具有良好的吸水性和透气性，针织物经常作为内衣、运动装及便装使用。这类针织服饰的图案设计要充分考虑服装的功能性和着装环境特点。

由于材料及工艺方面的特点，针织类服饰图案往往比较简单，即便是复杂的形象也需要进行简化处理，使其具有平面化的装饰特征。如在外轮廓上删繁就简，强调对象的最主要特征；或在光影、层次上尽量压缩，使原本立体的物象平面化。同样，针织类服饰图案的色彩也不宜过于驳杂，在设计时应注意对色彩的提炼，使形象的塑造更加典型化、装饰化（图5-13）。

作者：邹瑜
统一中略带变化的色彩是针织服饰图案设计的重点

图5-13　色彩设计

此外，利用纱线自身的外观特征或纱线交织形成的肌理效果，可创造出极具视觉冲击力的个性化针织服饰图案。如以针织服装著称的意大利品牌米索尼（Missoni）成功地将艺术性的编织工业化，有些服装还在编织过程中结合抽线圈处理，使服装具有独特魅力的同时又不乏保暖的功能性，获得市场的广泛好评。

第二节　服饰图案的装饰部位及装饰形式

服饰图案不同的形态、布局、色彩和装饰部位，会引起人们不同的心理反应。长期形成的视觉规律一旦被打破，就必然引起视觉上的矛盾冲突。所以，一个高明的设计师善于根据图案的装饰部位，有意识地引导人们先看到什么，后看到什么，使各设计元素有秩序地展现，形成心里感觉上的主旋律，从有条不紊的设计中获得和谐的美感。

服饰图案的装饰部位大致可分为：衣边装饰、胸背部装饰等。装饰形式有满花装饰、局部装饰等。图案装饰部位和装饰形式的不同，所产生的效果亦有很大差异。

一、装饰部位

（一）衣边装饰

衣边装饰包括领口、袖口、襟边、口袋边、裤脚边、体侧部、腰带、下摆等部位的装饰（图 5-14、图 5-15）。在中国古代服饰中，除了织花、印花等满花形式外，其他装饰如

图5-14　领口装饰　　　　　　　　图5-15　下摆装饰（服装设计师邓皓作品）

刺绣图案，主要应用在袖口边、领边、袍子开衩的两边。长袍和长裙等款式，其图案装饰也多在前襟、腰带及下摆部位。

从设计的角度讲，衣边装饰图案在色彩上与服装整体色调形成一定的反差，可增加服装的轮廓感、线条感，具有典雅、华丽、端庄的特点，使服装款式结构特点更突出。衣边装饰图案的形象应尽可能精致、清晰。

在现代服饰图案设计中，领部和前襟部位图案应用得较多，应注意其与其他部位的组合设计及与衣边装饰的呼应（图5-16）。衣服或裙子的下摆及裤口的装饰图案，由于处于服装的下半部，具有下沉的视觉效果，所以应当尽可能以轻松飘逸的图案为主。体侧、臀侧、裤侧等部位的图案，还可起到掩饰缺陷或勾勒形体的作用。所以，服饰图案设计应考虑着装者的体型特征，运用不同特点、风格的服饰图案来美化、修饰人体。此外，服饰图案设计还应与服装款式设计紧密结合，共同打造服饰的整体风格。对造型简洁的现代服饰而言，图案往往构成整个服装的设计焦点，其粗犷或精细的工艺、民族或现代的风格，决定了服饰的整体风格（图5-17）。

在服装衣边装饰中，滚边是一种较为常见的装饰手法。滚边，即用细条纺织品或其他材料（称滚条）包光服装止口边缘。分顺势滚条（效果细洁圆顺）和凹式滚条（效果粗犷易裂），又可分为单层滚边、双层滚边和机器滚边。服装加滚边具有装饰和加固两种功能，多见于精做服装或定制服装，滚条的颜色和质地可与面料相同或不同。

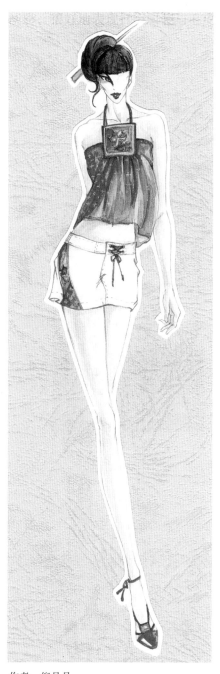

作者：倪晶晶

图5-16　领口与前襟的组合设计

（二）胸背装饰

胸背部位处于人们视线的中心，往往成为服饰最为主要的装饰位置，可使用较大面积的装饰图案。

胸背部位的图案设计会在很大程度上决定服饰的主要外观风格。胸部是仅次于头脸的视线关注部位，该部位的图案较为醒目，图案设计也要求醒目而精巧。通常情况下，胸背部较为宽阔、平坦，宜用自由式或适合式的大面积图案，来加强人体背面主要视角的装饰

作者：王斌琳

图5-17　局部图案设计营造整体风格

效果。胸背部图案的高低决定了着装者的上、下身比例。该部位的横向图案有隔断感，纵向和辐射状图案有收缩的感觉，可以映衬出上半身的宽阔感（图5-18）。

设计在背部的图案一般带有一定的方向

图5-18 胸背装饰

二、装饰形式

（一）满花装饰

满花装饰图案比较活泼，强调飘逸、洒脱，忌讳给人压抑的感觉。注意面料、设计元素、使用对象之间的有机联系，通过一定的艺术手法和分析综合，凝练出具有内在联系的设计整体（图5-19）。

满花装饰图案在现代服饰设计中的运用要体现出一种适度。过多的装饰不符合当代的快生活节奏，满足不了人们对于简约、明快风格的需求；相反，服饰图案过于简单，又不足以使人们产生共鸣，容易给人一种贫乏无力的感觉。

满花设计的图案应注意整体与局部的呼应统一

图5-19　满花装饰

（二）局部装饰

局部装饰，即在服饰的个别部位进行图案装饰处理，通过营造局部的效果形成整体的设计风格。服饰图案的局部装饰可以通过小件饰品，如头巾、领带、鞋帽、围巾、手套、提包以及纽扣、皮带、首饰等服饰配件来完成。

在中国传统服饰设计手法中，盘扣是具有中国传统特色的图案装饰，具有极强的图案装饰效果。盘扣的种类很多，常见的有蝴蝶盘扣、蓓蕾盘扣、缠丝盘扣、镂花盘扣等。盘扣图案装饰在不同款式的服装上能够传达出不同的服饰语言。立领配盘扣，氤氲着张爱玲时代的含蓄和典雅；低领配盘扣，洋溢着20世纪90年代都市女性的浪漫和娇俏；短坎长裙中间密密地缀一排平行盘扣，于端庄秀丽中见美感；斜襟短衫缀上几对似花非花的缠丝盘扣，于古雅之中见清纯……形形色色的盘扣中，以古老的手工盘扣最为精巧细致，它融进了设计者的智慧，有着极高的审美价值（图5-20）。

服饰图案的局部装饰必须与服装相配套、协调，装饰部位的确定可视设计者的需要而定。局部服饰图案设计的关键在于装饰重心的确定和主从关系的处理。服饰图案的装饰重心可以放在视觉的中心部位，取得稳重、高雅的视觉效果；装饰重心偏离视觉中心，可以得到新奇、大胆、前卫的外观（图5-21）。

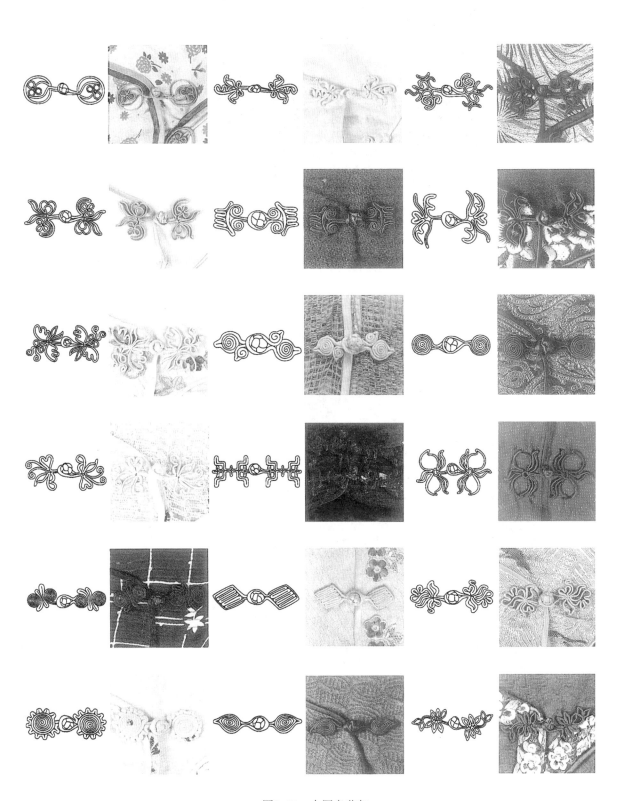

图5-20　中国盘花扣

图5-21　不同视觉中心的服饰图案设计

第三节　服饰图案设计师的必备常识

服饰图案设计纷繁复杂，由于其取材广泛并带有普遍性，常常被各国设计师相互借鉴使用，但各地的文化差异可能会造成设计师对同一图案在理解上产生偏差。因此，作为一个图案设计师，不仅要熟练掌握专业基础知识，还应了解方方面面的基本常识。

一、历史文化

服饰图案在历史上不是孤立存在的文化现象，它是审美与实用、物质与精神的统一体，是依附于物体之上的主体美的物化形态，也是古代社会占统治地位的审美观念纹样化的表现。服饰图案的审美取向在不同的文化中具有差异性，只有将其放置于相应的历史文化环境中加以认识，才能理解其真正含义，较真实地领略它的美。比如古代的城堡、庙宇、纪念性建筑物、皇家宫殿、园林和陵墓，这些作为人类宝贵财富的世界文化遗产，体现了不同历史时期某个国家、某个民族、某个城市的文化精神，反映出当时的社会制度、民俗风情、宗教信仰、经济和科技水平。一些传统服饰图案，已成为记录历史文化的符号，如中国传统的如意纹、苗族服饰中象征祖先崇拜的蝴蝶纹和牛变龙纹，日本的浮世绘以及印第安人独特的图腾纹样，都反映出其民族所特有的历史文化。人类丰富灿烂的历史文明是服饰图案设计取之不尽的宝库。随着全球性文化趋同问题的突出，面对传统文化日渐消失的危机，服装设计师在进行服装图案设计的过程中，尤其应当尊重不同国家和地区的历史文化，合理运用具有地域性和民族性文化内涵的图案形象。服饰图案的设计应该从历史和传统文化中提炼出对社会和人类有价值的东西，尊重它们的存在和发展，创造出集传统特色和当代时尚特征为一体的设计。如2008年奥运服装中的会标，其造型既是一个中国结的形状，又有太极拳的感觉，很好地体现了中国体育文化的精髓。

合理的服饰图案设计，在美化服饰外观的同时，也使服饰具备了更多的含义和社会价值。在与人的交流中，人们通过对服饰图案形象内容的认知、象征性符号含义的理解以及对历史的追忆，能够产生心灵深处的共鸣，进而产生一定的心理愉悦并满足审美需求。

二、民俗风情

传统习俗的审美源于人类的伦理观念与羞耻心理。世界各民族都有自己的服饰图案形态，这是民族文化与传统习俗长久积淀的结果。例如，伊朗妇女以在公共场所展露脸部为羞耻。而乌干达的卡拉莫贾女人，对政府发起的"穿衣运动"拒不响应，至今仍赤身裸体生活着，并不认为羞耻。

每个民族都有自己的生活习惯、宗教信仰、伦理道德规范，设计师对其必须保持尊重的态度。对于一些不被人熟知的生活习惯，设计师还要善于观察和分析，甚至去请教专家。

我国民族众多，除汉族外，各少数民族服饰多种多样，各有特色。其中传统的服饰色彩是服装设计师在进行服饰图案设计时应该考虑与借鉴的因素之一。例如藏族的代表性服饰——氆氇是以大红、朱红、橘黄、柠檬黄、深蓝、天蓝、白、紫等颜色进行拼接而成的，其色彩如彩虹般丰富美丽，多系在以棕、紫、红、黑、蓝色为主的服装上。苗族服饰则一直以锦绣斑斓、色彩艳丽、缤纷而引人注目。早在《后汉书》《晋记》等史书中，就有关于五溪苗族"女子五色衣裳"的记载。唐代大诗人杜甫也曾写下"五溪衣裳共云天"的诗句，盛赞苗族服饰可与天上彩云相媲美。如部分地区以海蓝色的立领、窄袖、短衣为主，男女均围白色头帕，帕角绣青色花蝶，朴素美观，独具风韵（图5-22）。朝鲜族的上衣以粉红、淡蓝、淡黄、白等浅色为主，而胸前领带多为红色等鲜艳色，头饰以群青、玫瑰红等十分鲜明的颜色为主。借鉴少数民族色彩进行服饰图案设计，必须做到色多而不乱，层次鲜明而不腻，以适应现代消费者的审美需求。

图5-22　苗族服饰图案

三、宗教信仰

图5-23　维吾尔族特色服饰

宗教信仰对服饰图案设计的影响也不可低估。设计师在进行服饰图案设计时，必须充分尊重消费者的宗教信仰，从他们的角度出发进行设计创意。如维吾尔族花帽上的星月图案象征了他们不屈服于契丹人的统治和压迫，坚持信奉伊斯兰教（图5-23）。限于伊斯兰教义规定，服饰图案主题不可采用动物、人物等偶像，因而图案呈现高度图式化、几何式、抽象化的特征，甚至连阿拉伯文的古兰经文也被编入图案，集合纹样基本排斥了写实形象，只用少量图案化的植物纹样作为点缀。

四、艺术思潮

每一种流行图案的诞生，都伴随着一次

社会艺术思潮的兴起。20 世纪 60 年代，匈牙利的光效应艺术画家瓦萨勒利·维克多·德（Vasarely Victor de）和英国画家布里奇特·路易斯·赖利（Bridget Louise Riey）的视觉迷幻艺术给观者带来了强烈的震撼，影响到服饰图案设计，出现了由条纹、方格和螺旋混合而创造出的热闹非凡的摩登风格。嬉皮文化的流行促使丛林、花卉风格的印花图案和民俗图案经久不衰。

五、地理环境

环境对服饰图案设计的影响非常明显，这种影响包括显性和隐性两方面。显性方面指的是设计所处的实际地域环境、时空特点；而隐性方面则是指潜在的对设计行为发生影响的因素，诸如文化、风俗、历史等因素。人们生活的现实环境因为气候、地理位置等条件的差异而呈现出具有地方特色的环境特征。无论是针对哪些人群进行的服饰图案设计，在设计之初，设计师都需要首先对以上特征进行分析，做到充分尊重当地人群的生活环境和特点。

学生作品赏析

学生作品一：图案在不同服装设计中的应用

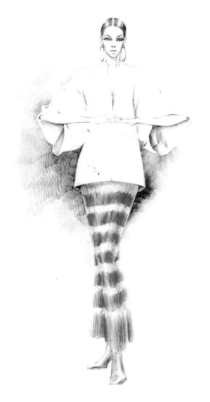

作者：孟晓
用充满光泽感的图案设计表现晚装

作者：褚敏
镂空的披肩图案、垂褶造型等表现晚装的精致

作者：孔吉

用精美的水钻组成图案表现晚装的华丽感

学生作品二：服饰图案的装饰部位及装饰形式

作者：王露萍　　　　　作者：孔吉　　　　　作者：朱智慧

　　作品点评：服饰图案装饰部位的设计，服饰图案根据需要出现在服装不同的部位，或衣领、或前胸、或衣边等，有效起到吸引视线、传达服装风格的作用。

参考文献

［1］徐雯. 服饰图案［M］. 北京：中国纺织出版社，2000.

［2］张树新. 现代服饰图案［M］. 北京：高等教育出版社，1994.

［3］朱龙泉. 现代服饰图案［M］. 江苏：古吴轩出版社，1998.

［4］曹耀明，张秋平. 服饰图案［M］. 上海：上海交通大学出版社，2004.

［5］孙世圃. 服饰图案设计［M］. 3版. 北京：中国纺织出版社，2000.

［6］黄丽娜. T恤衫装饰图案设计［M］. 北京：中国轻工业出版社，2002.

［7］黄国松. 纺织品图案设计基础［M］. 北京：纺织工业出版社，1990.

［8］郑秀华，宋建华. 几何图案设计与应用［M］. 长春：吉林美术出版社，2003.

［9］杨淑萍. 染织花卉图案设计［M］. 南昌：江西科学技术出版社，1996.

［10］陈以忠. 实用图案设计［M］. 南宁：广西美术出版社，1996.

［11］成朝晖. 图案设计［M］. 杭州：中国美术学院出版社，2002.

［12］陆红阳. 图案设计［M］. 南宁：广西美术出版社，2003.

［13］邬红芳，赵宏斌. 图案设计［M］. 合肥：合肥工业大学出版社，2004.

［14］姜今. 图案设计与应用［M］. 长沙：湖南文艺出版社，2000.

［15］柳泽明. 现代图案设计［M］. 重庆：西南师范大学出版社，2000.

［16］诸葛铠. 图案设计原理［M］. 南京：江苏美术出版社，1991.

［17］周建. 服饰图案艺术［M］. 北京：中国轻工业出版社，2002.

［18］朱春华. 纺织品图案设计的整体感［J］. 丝绸，2002（4）.

［19］郝晓虎. 传统图案在现代设计中的运用［J］. 安庆师范学院学报，2004（1）.

［20］郑娟. 花布图案设计与形式美［J］. 温州大学学报，2004（4）.

［21］林竟路. 论丝巾图案的设计［J］. 丝绸，2003（6）.

［22］王大春. 浅述美术教学中之中国传统图案［J］. 艺术晨家，2004（1）.

［23］苏会杰，侯志昆，孙琳. 浅谈中国传统图案与现代艺术设计教育［J］. 衡水师专学报，2002（2）.

［24］沙海燕. 图案教学之浅见［J］. 艺术百家，2005（1）.

［25］葛自鑑. 图案设计构成法［J］. 现代艺术与设计，2005（1）.

［26］杜洪. 中国传统图案与现代构成艺术的交汇点［J］. 装饰艺术研究，2005（1）.